水資源開発促進法

立法と公共事業

博士（工学）
政野淳子
Atsuko Masano

築地書館

目次

第二章　見えてきた成長の限界——繰り返された勧告　40

第三章　方向転換のためのハードル　62

第四章　ピラミッドの解体　80

第五章　税金は海に流れ続ける　105

序章　官僚機構・解体のための劇薬について

「そんなことをしたらハレーションが起きる」

国土交通省河川局長ポストに、ある人物を推薦した時の中堅議員の回答に我が耳を疑った。

二〇〇九年夏、七月中旬までに行われた世論調査ですでに、次の衆院選で政権交代が起きることはほぼ確実だった。七月二一日、衆議院解散の日、一人の民主党議員に「官僚機構・解体のための劇薬について」と記してFAXを送った。

主要な局長ポストを政治任用で民間から採用してはどうかと進言するためだった。

河川行政では混迷が続いていた。一九九七年の河川法で計画決定時に住民参加を可能とする手続が加わったが、旧来型の事業者主導の事業の進め方や計画の策定方法は、一部の例外を除いてほとんど変わらなかった。

今度こそは河川行政を転換させ、長期化して必要性を失ったダム事業を中止させ、住民の生活再建も含めて軌道に乗せる必要がある。そのためには、要のポストにその職責にふさわしい人物を念のために推す必要があった。「念のため」というのは、民主党のマニフェストを読めば、必ずやこの人が起用されるだろうと思う人物がいたからである。

政治任用のためのテクニカルな道筋も示した。七月中の人事院への取材で、政治任用で局長を民間から採用できるかどうかを尋ねたところ、人事院規則八―一二の第十八条二項[*1]による「選考採用」で可能だという。任命権者の選考によって、民間人であっても職員として採用することができる。その場合、そのポストが本省の課長以上であれば、人事院との協議が必要になるということを定めたものである。

ところが議員からの反応がない。選挙に突入し、事前の世論調査通りに政権は交代した。

投票日翌日の八月三一日、しびれを切らして電話でもう一度、今度は口頭で直接その内容を伝えてみた。その反応が冒頭の回答であった。

「それは政野さん、官僚が誰であろうと使いこなせなくてはならない」と言い換えたが、政治任用など考えてもいないことが明らかだった。誰であろうと使いこなす……正論には違いないが、実務レベルでやる気のある人材がいなければ、何も前に進まないということが予期できないのだろうか。前政権下ではできなかった政策を執行する局長ポストだけでも政治任用で採用すれば、大臣・副大臣とタッグを組んでスピード感のある改革ができるのではないか。

「検討してください。もし彼のことを知らない人が国土交通大臣になったら、必ずこういう人物がいるということと、人事院規則に基づいて民間からの局長ポストの採用が可能であることを伝えてください」。そう言って人事院規則を含めてFAXを再送した。

ところが、一週間が経ち、二週間が経っても、大臣人事を含めて、ことは一向に始まらなかった。政策を転換させるのであれば、大臣をトップとして、要所要所の局長を一新し、審議会メンバーを一新し、審議会への諮問内容を考え……と、政策実現の道筋をつけるために政権運営がスタートするまでに動かさなければならないことがたくさんあるはずだ。水面下では動いているのか、水面下ですら動いていないのか……。やがて、この重要な準備期間に水面下ですら動いておらず、なんの戦略も持たずに、政権運営が開始されたことが露呈していくのである。

政権運営開始から一カ月

二〇〇九年九月一六日に、鳩山由紀夫内閣で、初代民主党国土交通大臣に就任した前原誠司大臣は、その直後に「八ッ場《やんば》ダム中止宣言」を行った。しかし、その宣言を担保する法手続を官僚に命じた形跡がまるでなかった。さらに、半世紀もの間、翻弄された住民があることを思えば、本省と関係県と当該自治体と住民の間を何度も行ったり来たりして意見調整をするきめ細かい力業が必要となるのは明らかだったにもかかわらず、そのような実務体制が敷かれた形跡もどこにもなかった。その間、八ッ場ダムの予定地で何が起きていたのかは、第七章で後述することにする。

政策転換とは法律の運用か法改正でしか起きえない。ところが、民主党が「コンクリートから人へ」というスローガンに象徴させた公共事業改革のうち、少なくとも河川行政については、法の運用でも改正でもなく、大臣コメントに基づく裁量によって進められるようになった。

その最初のコメントは、政権交代から約一カ月が経過した一〇月九日。前原大臣（当時）は、国、独立行政法人水資源機構、地方公共団体で進行中の一四三のダム事業の二〇〇九年度中の扱いについて二つの方針を発表した。

第一に、国と水資源機構が実施する五六ダム事業については、既存の施設機能の向上を行っている八事業を除き四八事業を四つの事業段階に分けた。①用地買収、②生活再建工事、③流転工工事（ダム本体着工前に川を迂回させる工事のこと）、④本体工事。そして、それぞれの段階から次の段階へはいかない範囲内で事業を継続することとした。

これによってあたかも多くの事業が凍結となったような印象を与えた。しかし実際に凍結されたのは、①の段階に入るはずだった山鳥坂《やまとさか》ダム（愛媛県）、③の段階に進むはずだった小石原川ダム（福岡県）、④の段階に進むはずだった平取《びらとり》ダム（北海道）、サンルダム（北海道）、思川《おもいがわ》開発（栃木県）、木曽川水系連絡導水路（岐阜県）の計六事業だけだった。残りの四二事業はすべて②の段階で、ダム周辺の土地を不可逆に改変して、道路や橋、代替地を造成する「生活再建工事」と称すハコモノ事業が粛々と進められた。「中止宣言」から「予断なき検証」に後退をした八ッ場ダム事業も、その中に含まれた。

第二に、道府県が事業主体のダム事業については、各知事の判断を尊重する。これによって、事業費の大半を補助金や地方交付税など国費で負担している八七の道府県ダム事業もまた、そのまま続けられることになった。

一四三のダム事業の中から六事業が一時凍結となり、残りの事業は政権交代前と変わりなく進めながらそれらをどうするかは二〇一〇年度予算案の提出(一二月)までに決めると保留にした。この複雑な見直し方法こそが、河川官僚による政権コントロールの序章であった。

政権運営開始から三カ月

国土交通省の政務三役が官僚に掌握されたことが判明したのは、その後間もなくだった。

二〇〇九年一一月、「できるだけダムにたよらない治水」への政策転換を進めるとの謳い文句で、大臣の私的諮問機関「今後の治水対策のあり方に関する有識者会議」(座長、中川博次・京都大学名誉教授)が開催されることとなった。

結論から言えば、新たな治水対策のあり方への諮問が、単に二年間ですべてのダム事業を見直すだけの矮小化された議論へとすり替えが起きた。そして一〇月に凍結方針が出された六ダム以外の工事は、その見直しの間に、粛々と進むことになった。

そんなことになった理由は二つあった。

一つは会議が非公開で開催されることになったこと。

もう一つは有識者会議の委員がダム推進派で占められていたことだった。九人の委員のうち、なぜか、四人は旧建設省時代の審議会で重用された高齢の河川工学者、二人はつい先日まで自民党政権下でダム事業を推進してきた現役の河川工学者、残りの三人は河川工学が専門ではない発言力が弱い学識者であった。「ダムにたよらない」と謳いながら、その理念を実践してきた人材は一人もいなかったのである。

さらに、政権の転換期であるというのに、大臣が河川法に基づく手続ではなく、法的根拠のない私的な諮問機関で物事を決めようとする姿勢にも問題があった。

そこで、二〇〇九年一二月三日、第一回の有識者会議の開催後に、次のような主旨の記事[*2]をある雑誌に書いて送った。

※河川行政を改革するのであれば、国土交通省設置法に根拠を持つ社会資本整備審議会に諮問して、法改正を行う必要がある。それは河川局長が大臣に進言すべきことであり、私的諮問機関にとどめさせたことは改革への非協力にほかならない。

※二〇〇九年一〇月に開催したばかりの行政刷新会議（議長、鳩山由紀夫・内閣総理大臣）の事業仕分けでは、報道・傍聴、録音・撮影の制限はなかったが、この会議は非公開であり、政策形成過程を公開する内閣の方針と整合していない。

こうした視点を進言できる局長でなければ、国民の待ち望む河川行政改革ができるわけもない。人選と政策転換の過程の正当性と公開が肝である。開催前にFAXを送り、第一回会議冒頭で写真撮りの際に非公開の理由を尋ね、会議終了を待って廊下で尋ねたが効果はなく、方針は変わらなかった。

この時の会議の議事録には「【記者】前原大臣、公開はしていただけないんでしょうか。非公開の理由を教えていただけないでしょうか」と、筆者が取材者として三回尋ねた発言のうちの一回と、「【中原政策官】ご質問は、後ほど会見の場でお願いします。議事の進行の妨害になりますので、ご退出、ご協力をお願いいたします」とのむなしいやり取りが記録されている。その会議後の記者会見では、三日月大造大臣政務官から「非公開にして自由闊達な議論を確保した」との回答が返ってきた。

「今後の治水対策のあり方に関する有識者会議」については二〇〇九年から二〇一二年まで一一回にわたって全国各地の市民団体から公開要請があったことも質問主意書[*3]への答弁で明らかにされている。しかし、答弁書には「要望への対応は座長に一任することが委員の間で合意されていた」との官僚答弁が記されている。

後日、前原大臣（当時）自身に直接インタビューをする機会が訪れた際も、政策転換をするうえでは「会議の公開」が力の源泉になるのではないかと問うたが[*4]、大臣からは、遊水池や堤防などの「具体的な固有名詞が出ると問題になる」という回答が返ってきた。

また、なぜダムにたよらない治水論者が委員に一人もいないのかとの問いには、「今までの治水計画を支えてきた方々に変えていただかなければダメなんです」と回答した。

しかし、第四章で後述するように、この有識者会議の座長自らが、ダム建設業者が理事を占める一般社団法人（以後、（一社））ダム・堰施設技術協会の会長であり、「ダムにたよらない治水」とは相反するしがらみをもつ組織の長であった（図表4-4）。政権交代前の体制に戻るレールがたった三カ月でがっちりと敷かれていた。

政権運営開始から一年

この「今後の治水対策のあり方に関する有識者会議」は、政権交代から丸一年の二〇一〇年九月に「中間とりまとめ」を発表した。これは、個々のダム事業の見直しのやり方を示したものにすぎない。国、水資源機構、道府県といった事業者自らが代替案を並べて残事業費でコスト比較をする過程で、学識経験者、住民、地方公共団体の長から別々に意見を聴くというものだ。

このように事業主体に見直しを託す方法は、「無駄な公共事業批判」が沸き起こった一九九〇年代後半に行われたダム等事業審議委員会と瓜二つだった。その結果、複数案比較でダムが最も早くて安いとされ、地方公共団体は態度を変えず、地方整備局が推進の結果を出して、本省がそれを追認した。

それと同じことが起きるのではないかと、会議後の会見で津川祥吾・国土交通大臣政務官に問うと、「一〇〇年二〇〇年といった長期の河川整備基本方針ではなく、二〇〜三〇年の河川整備計画ぐらいの治水安全度を達成するという方向で見直せば、ダムで（治水を）進めるということにはならない」

と自信満々であった。

せめて淀川水系流域委員会（一二四頁、コラム3参照）のように、関係者が一堂に会する見直しの場に公募枠を設け、公募にもれた人でも傍聴席から発言ができるなど、見直しのやり方を指定すべきではないか。軌道修正を促す質問を大臣が変わるたびにしてみたが、部外者が何を言っても聞く耳を持たない前政権と同質の河川行政に戻ってしまった。

ダムが止まらないわけ

「行政改革」は半世紀もの間、繰り返されてきた。改革のたびに抵抗が起こり、変わらせまいとの動機《ドライブ》が働き、変えようとすればするほど、仕組みが複雑化して難解となるだけで事態は好転してこなかった。今回に限っては、政権運営の中で、抵抗を受けて屈したというよりも、抵抗が起きるような改革を試みた形跡がなかったと言わざるをえない。

国民は、このままではこの国はダメだという気持ちを投票行動で表した。その結果が政権交代である。しかし、改革への抵抗はスムースかつ巧みであり、一方で政権を取った者と国民は、「政策リテラシー」とでもいうべき能力を十分に持っていなかった。八ッ場ダム中止宣言に対してマスメディアが見せた民主党叩きを見れば、メディアもまた「政策リテラシー」が高いわけではないことがわかる。

霞ヶ関を改革して、国民の気持ちを反映する国づくりを行うには、霞ヶ関文学、すなわち法律を含めた政策文書を読み解く力を否が応でも持たなければならない。

幸い、それぞれの政策には必ずそのツボともいうべき法律が存在し、そのツボを押さえて考えれば、この国は非常にわかりやすくなるはずなのだ。


たとえば、「ダム開発」には、その重要なツボのひとつである法律「水資源開発促進法」がある。「水資源」とは「ダム」のことを指し、「水資源開発促進法」とは文字通り、ダム開発促進法である。

高度経済成長期のただ中、一九六一年にできたたった一四条の短い法律でありながら、これが半世紀を経ても生き長らえていることが、ダムが止まらないわけと重なっている。本書ではそれを紐解き、「水資源開発促進法」の廃止を勧めることによって、政策転換の後押しをする。

政権交代の意味とは、単に政権のトップにいる人間が変わるということではない。社会が進む方向や、求める質が変化し、その社会に合わせた政策に変わるということのはずである。それは社会に合わなくなった古い法律を淘汰することをも意味する。

法律を廃止するには、国民が選んだ衆議院にいる四八〇人と参議院にいる二四二人、それぞれ過半数の議員が賛成をして、廃止法案を通過させればいい。一九六一年にできたたった一四条の短い法律が廃止できずにいるのは、その政策にまつわる全体構造がわかりやすく人々に見えていないからではないか。

そこでそれを見せる。「水資源開発促進法」を取り巻く全体像を徹底検証する。

特定の地域でダム開発を進めるための開発スキームはどのように成り立ち、誰が支えているのか（第一章）。水資源開発のための計画と現実はどのように変わってきたのか。また、この法律の運用で現出した計画と現実の乖離に対してはどのように問題が指摘されてきたか（第二章）。方向転換にはどのように巧みでしぶとい抵抗があり、何が原因で失敗してきたのか（第三章）。改革を拒み、解体を試みてもなお形を変えて続く、深く絡み合った構図はどのようなものか（第四章）。無駄になるとわかっている事業への支出は、どのようなしわ寄せを財政にもたらすのか（第五章）。

そして、謎解きは第六章にある。この法律の核心的な実行部隊である特殊法人水資源開発公団（現・水資源機構）とは、現在どのような存在か、また、どこから収入を得て、どのような仕事をしているのか、である（第六章）。そしてこれらの全体像がわかったうえで廃止法を出そうとした場合に、どのような反撃が予想されるか、八ッ場ダム中止宣言に対してどのような反撃があったのか、そして抵抗への備えを第七章で述べた。

変わるべき政策が変わらなかったのは、改革への「抵抗」を押し返せるほどの世論が育っていなかったからだとしか思えない。本書が国会議員を含め、国民全体の政策リテラシーを上げるきっかけとなり、抵抗に抗う世論を呼び起こすことにつながれば本望である。

なお、本書で使うまぎらわしい用語を、混乱を避けるためにあらかじめ整理しておきたい。

特殊法人改革により「特殊法人水資源開発公団」は「独立行政法人水資源機構」になった。また、公益法人改革により従来の「社団法人」と「財団法人」は、二〇一三年一一月までに、それぞれ「一般社団法人」か「公益社団法人」、「一般財団法人」か「公益財団法人」に移行もしくは解散する。

そこで本書では、以後、特筆しない限りは、移行ずみの法人は移行後の名称で統一し、それぞれ(一社)(公社)(一財)(公財)と略す。㈳㈶となっている法人は移行前もしくは廃止された法人である。

第一章　開発スキーム「水資源開発促進法」

水資源開発促進法が制定されたのは一九六一年。日本政府は、広域的な用水対策を緊急に実施する必要がある地域を流れる特定の水系を指定し、ダム建設のために、税金を集中投下する仕組みを作った。

指定された水系は七つ。急速に発展し、人口が増大した首都圏（利根川水系、荒川水系）、阪神工業地帯（淀川水系）、北九州工業地帯（筑後川水系）、中京工業地帯（木曽川水系）、そして四国（吉野川水系）および農業地帯を支える豊川水系の七水系（図表1−1）である。

具体的には、国土交通大臣（中央省庁再編前は、国土庁長官）が「広域的な用水対策を緊急に実施する必要があると認める」地域を、水道を所管する厚生労働大臣、農業用水を所管する農林水産大臣、工業用水を所管する経済産業大臣と協議し、関係知事、さらには国土審議会の意見を聞いて、「水資源開発水系」として指定する。

次に各水系で「水資源開発基本計画」（以後、フルプラン）を同様の手続で策定する。フルプラン

図表1-1　水資源開発促進法による水資源開発水系

	指定水系	指定年
1	利根川水系	1962
2	淀川水系	1962
3	筑後川水系	1964
4	木曽川水系	1965
5	吉野川水系	1966
6	荒川水系	1974
7	豊川水系	1990

出典：国土交通省資料より作成

とは、水需要の見通し、供給目標、それを達成するための施設の基本的な事柄を記載したもので、ダム計画やその工期が位置づけられる。

次ページグラフに見るように、戦後の人口増加（図表1－2）に水供給事業計画（図表1－3）を合わせたという点からは、一見、間違っていなかったようにも見える。実際にはこの右肩上がりの人口増加と水需要は乖離していくが、これについては次章以降で詳述する。

広域的な用水対策に合わせた七水系の指定

水資源開発促進法が国会に最初に登場するのは、一九六一年二月七日、参議院建設委員会である。建設委員長に提出を予定している法案について大臣説明を補足せよと促され、経済企画庁の曾田忠・総合開発局長が次のように準備状況を語った。

「最近の産業の伸展と都市人口の増加に伴いまして、工業用水あるいは上水道用水等の水の需要が特に増大して参りまして、水資源の総合的な開発利用の必要が強く要望されておるわけでございまして（略）、水資源の利用の促進をはからなければならない現状でございますので、このための必要な立法措置を目下準備を進めておるわけでございます」

また、指定水系についても、「京浜地区、東京、横浜、あるいは千葉地区と申しますか、あるいは中京地区、阪神地区、そういうような著しい産業の発展と都市人口の増加に伴いまして水の需要が急激に増大すると思われるような地域」を考えていると同局長が衆議院予算委員会第三分科会（一九六一年三月二日）で答えている。

図表 1-2　人口推移（1947〜2010 年）

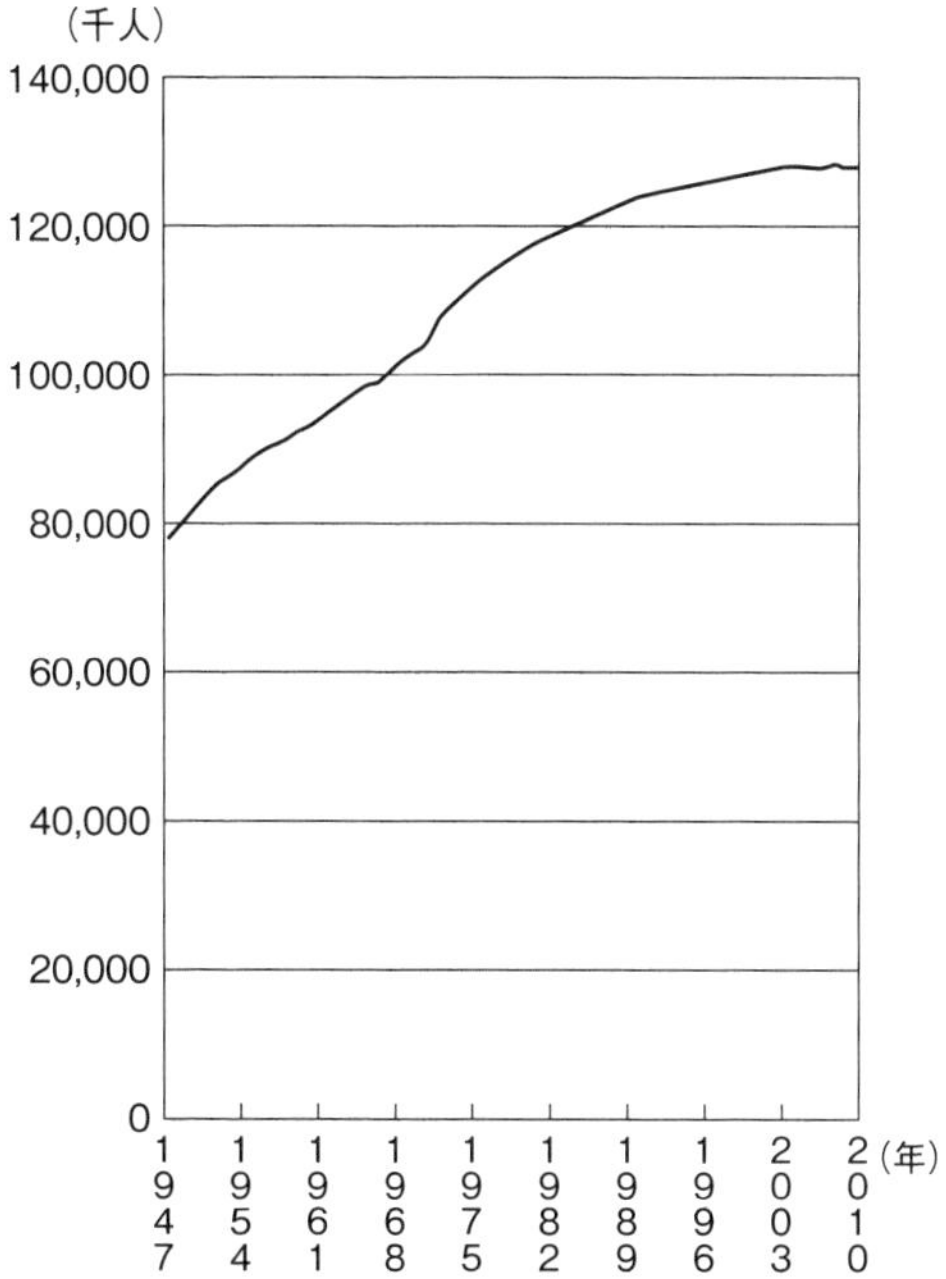

出典：日本の将来推計人口（国立社会保障・人口問題研究所 2012 年 1 月推計）「資料表 1（1）総人口、年齢 3 区分（0〜14 歳、15〜64 歳、65 歳以上）別人口および年齢構造係数：1947〜2010 年」より作成

図表 1-3　ダム開発による都市用水の開発水量

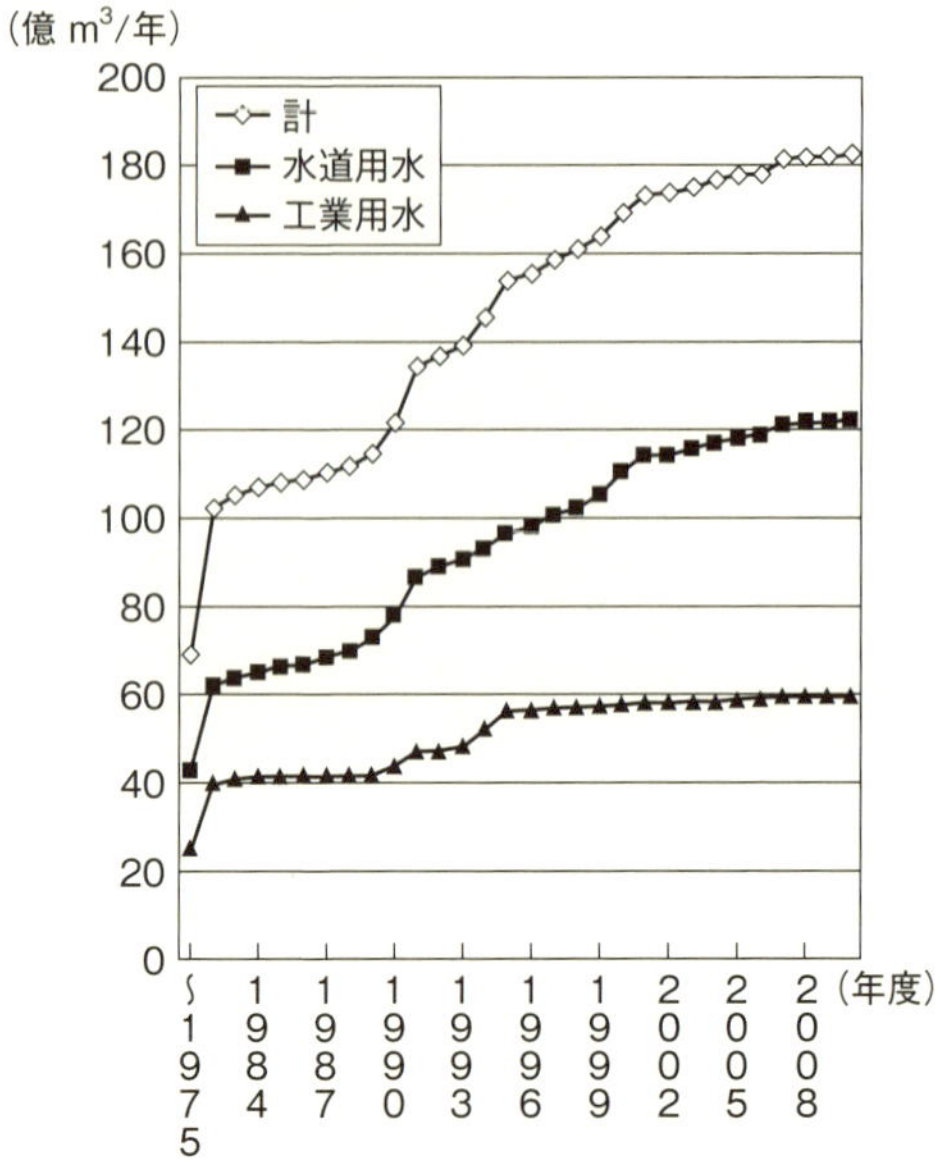

出典：「2011 年版日本の水資源について～気候変動に適応するための取組み～」第３章参考資料「3-1-2　完成した水資源開発施設による都市用水の開発水量」（国土交通省水管理・国土保全局水資源部）より作成

四省のなわ張り争いの調整機関として誕生した「特殊法人水資源開発公団」

その裏舞台では水資源開発（＝ダム開発）の主導権をめぐり、関係省間の争いがあった。

水資源開発の実働部隊として、厚生省（当時）が「水道用水公団案」を、建設省が「水資源開発公団案」、農林水産省が「水利開発管理公団案」、通産省が「工業用水公団案」を公表した。

自由民主党には水資源特別委員会が一九六〇年四月に設置され、同年一二月に「水資源開発促進法大綱」と「水資源開発公団法案大綱」が発表された。これらの法案を最も熱心に推進したのは自民党水資源特別委員会の田中角栄委員長で、閣議前に池田勇人総理と大平正芳・官房長官に話をつけて「流産を免れた」と、水資源開発公団の初代の幹部たちが『水資源開発公団二十年史』で鼎談している。後に各省から集まってきた役職員の一致団結をどうするか、混成部隊で運用がうまくいくかを懸念したが、部課長に関係省を入れ違いに組み合わせて、内部が縦割りにならないようにしたなどの苦労話も語られている。

法案が提出されたのは一九六一年五月二三日だ。水資源開発公団法案も審議入りした。「水資源開発促進法によるフルプランに基づいて、これらの事業を総合的かつ効率的に施行する事業主体として、独立の法人格を有する特殊法人水資源開発公団を設立せんとするもの」との趣旨説明で、現・独立行政法人水資源機構の原型が現れた。

主導権争いの件は国会議事録にも残っている。後に総理大臣となった大平正芳・（自由民主党）参議院議員は、予算委員会（一九六一年三月一三日）の質疑で次のように指摘していた。

「各官庁の方にお聞きしますと、どうも役人はなわ張り争いが激しくてねと、こうおっしゃるんです。自分の方がなわ張り争いをしているとは言わない。向こうの方がどうもなわ張り争いだ、向こうの人に言わせると、どうも向こうの方がなわ張りだと（略）」

また、山中日露史・（日本社会党）衆議院議員も本会議で、「所管争いの醜い姿」と称し、その醜い姿を「主務大臣が総理大臣、建設大臣、通産大臣、農林大臣、厚生大臣という、頭が五つで、からだが一つ」と表現した。

一九六二年五月の発足にあたっては一九五五年にできていた愛知用水公団を統合し、その副総裁だった進藤武左ヱ門が初代水資源開発公団総裁に就任した。「頭が五つで、からだが一つ」の姿は、公団時代（図表1−4）から現機構時代（図表1−5）に至るまで、「天下り役職ポスト」の構図として残ることとなった。

特筆しておくべきことがいくつかある。

総裁（現在は理事長）ポストは、建設省（国土交通省）トップの「技監」天下りの指定席となってきた。また、旧建設省ポストとは別に、旧総理府国土庁（現、国土交通省水管理・国土保全局水資源部）用のポストが、省庁再編後も堅持されている。

そして、工業用水の新規需要が消えた現在、それを所管する通商産業省（経済産業省）は天下りポストを放棄もしくは失っている。代わって、最大の人口を抱えて大きな発言力を持つ東京都の水道局と東京水道サービス㈱（自称「東京都のパートナー企業」で、東京都水道局の天下り組織でもある）が新たに天下りポストを得ている。

また行政監察などでこの組織を監視する立場の行政管理庁に代わり、公募の形で毎日新聞社の元幹部がポストを得ている。事業費を負担させる地方行政を所管する旧自治省が、現在も総務省としてポストを堅持、農林水産省ポストも変わらず。しかし大蔵省天下りポストに代わり金融機関がポストを得ている。

図表 1-4　特殊法人水資源開発公団時代の役員（2000 年 11 月現在）

役職名	官職など経歴
総裁	建設省技監
副総裁	農林水産省農業総合研究所所長
理事	建設省大臣官房総括監察官
	大蔵省大臣官房
	厚生省生活衛生局水道環境部長
	国土庁長官官房水資源部長
	自治省自治大学校長
	公団常務参与
	農林水産省構造改善局次長
	農林水産省中国四国農政局長
監事	通商産業省大臣官房
	行政管理庁

図表 1-5　水資源機構の役員（2012 年 4 月 1 日現在）

役職名	官職など経歴
理事長	国土交通省技監
副理事長	国土交通省水管理・国土保全局水資源部長
理事	総務省大臣官房参事官
	農林水産省東北農政局農村計画部長
	水資源機構技師長
	東京水道サービス㈱プロジェクト推進担当部長
	㈱毎日新聞社常務執行役員グループ戦略本部長
監事	東京都水道局多摩水道改革推進本部長
	三菱 UFJ キャピタル㈱常務取締役

護送船団としての国土審議会水資源開発分科会

国が国策として開発事業を行ううえでは、①その事業を所管する中央官庁が内々に方針や計画案の叩き台を策定し、②関係省が利害調整を協議し、③協議ずみの案を関係都道府県知事に照会し、④審議会に諮ってお墨付きをもらうといった手続を多重に踏み、十分に正当性を帯びた形を取ってその実施、建設事業へと突き進んでいく。

審議会に出てくる案は、関係者や関係地方公共団体に了承されたものである。その案が本質的に変容しないよう、利害関係省は公益法人などに天下ったＯＢを委員として送りこみ、原案通りに答申させるという日常を長年繰り返した。

関係省も関係地方公共団体も、審議会の議論を経た計画だから、その後、計画と現実が乖離していようとも、必要性はあるとの正当化に使ってきた。実施段階で現実に合わなくても、「お墨付きを得た計画」を前面に出し、実行部隊は世論に煩わされることなく、「一度決まったら止まらない公共事業」を進めることが可能だった。

こうしたやり方は第三章で明らかにするように「行政の隠れみの」であるとの批判が起き、行政改革が試みられた。しかし、「隠れみの」は新しい形態で続いている。

水資源開発促進法もその典型である。

国土審議会水資源開発分科会には、水系ごとの部会が六つ（利根川・荒川で一つ）設けられている。二〇〇一～二〇〇七年までの委員名簿を見ると、一〇人からなる親会には、水資源機構の役員ポストを確保している東京水道サービス㈱、㈶日本地下水理化学研究所（その役員に元・建設省四国地方建設局長、元・建設省中部地方建設局河川部長、元・大阪市建設局長、元・建設省四国地方建設局河川部長が名を連ねる）の理事長など利害関係者のほか、河川行政に関わる審議会などで常に重用される学者で占められていた。水系ごとの各部会では、数多くのゼネコンやコンサルティング企業の幹部が名を連ね、受注企業が開発の必要性を議論する構図が残っていた。これを図表1-6に示した。

現在では、学識者の割合が増えたが、限定的ではあるものの、利根川水系・荒川水系部会では、いであ㈱技術顧問が、淀川水系部会では（公財）水道技術センター技術顧問、吉野川部会では四国建設コンサルタント㈱執行役員理事など、業界人も相変わらず委員に名を連ねている。

七　水系の水資源開発基本計画（フルプラン）と全総

こうして関係省、地方公共団体、審議会の護送船団方式で策定されるのがフルプランであり、計画通りに水を供給するためのダム建設計画の根拠とされる（図表1-7）。

護送船団はそれだけにとどまらない。

国土総合開発法（一九五〇年に制定、二〇〇五年に「国土形成計画法」に改名）は全国総合開発計

図表 1-6　国土審議会水資源開発分科会（2007 年）の特徴

国土審議会	委員のおもな特徴
水資源開発分科会	河川行政にかかわる審議会などで常に重用される学識者（虫明功臣、池淵周一、楠田哲也、惠小百合）のほか、水資源機構の役員ポストを確保している東京水道サービス㈱、㈶日本地下水理化学研究所の理事長など。
利根川水系・荒川水系部会	㈳電力土木技術協会（現在は会長が元・経済産業省原子力安全・保安院長、専務理事が元・国土庁水資源部水源地域対策課長、理事は電力企業、コンサル、ゼネコン）の専務理事および不動産業者最高顧問など。
豊川水系部会	親会と同様の㈶日本地下水理化学研究所理事長、㈶愛知・豊川用水振興協会（現在は 4 人の元・水資源開発公団管理職、3 人の愛知県幹部、愛知用水や豊川総合用水など関係土地改良区役員が役員に名を連ねる）理事長、ダム関連事業を受注する清水建設㈱執行役員、㈱間組特別顧問など。
木曽川水系部会	清水建設㈱執行役員、㈱間組特別顧問のほか、（公財）給水工事技術振興財団（現在は役員に㈳日本水道協会など天下り団体、全国管工事業協同組合連合会、塩化ビニル管・継手協会など業界団体の役員、現役の大阪市水道局理事が名を連ねる）専務理事。
淀川水系部会	㈶淀川水源地域対策基金（現在は元・建設省国土地理院参事官、大阪、京都、滋賀、奈良、三重、兵庫の副知事および、京都市、大阪市、神戸市の副市長が当て職で名を連ねる）理事や大阪府 OB。
吉野川水系部会	大旺建設㈱社長、東洋建設㈱執行役員電力部長、㈱サンブレーン・プラン専務取締役などの受注業者。
筑後川水系部会	㈳海外電力調査会（現在は元・四国通商産業局長、国際原子力機関上席専門職、電気事業連合会、電力企業、電源開発㈱幹部などが役員に名を連ねる）理事、㈱軟弱地盤研究所所長。

出典：国土交通省国土審議会水資源開発分科会資料および各法人資料より作成

図表 1-7　水資源開発基本計画（フルプラン）の目標水量を達成するためのダム事業（2012 年 6 月現在）

指定水系	フルプランに位置づけられている事業	事業者	関係地方公共団体	工期
利根川および荒川	思川開発事業	水資源機構	水道（茨城、栃木、埼玉、千葉）	1969〜2015 年度
	八ッ場ダム	国土交通省	水道（茨城、群馬、埼玉、千葉、東京）、工業用水（群馬、千葉）	1967〜2015 年度
	霞ヶ浦導水事業	国土交通省	水道（茨城、埼玉、千葉、東京）、工業用水（茨城、千葉）	1976〜2015 年度
	湯西川ダム	国土交通省	農業用水（栃木）、水道（茨城、栃木、千葉）、工業用水（千葉）	1982〜2011 年度
	北総中央用水土地改良事業	農林水産省	千葉県北部の農地	1986〜2013 年度
	滝沢ダム	水資源機構	水道（埼玉、東京）	1969〜2010 年度
	武蔵水路改築事業	水資源機構	利根導水路建設事業に係る武蔵水路の機能を回復	1992〜2015 年度
	印旛沼開発施設緊急改築事業	水資源機構	農業用水、水道、工業用水（千葉）	2001〜2008 年度
	群馬用水施設緊急改築事業	水資源機構	農業用水、水道（群馬）	2002〜2009 年度
豊川	設楽ダム	国土交通省	農業用水、水道（愛知）	1978〜2011 年度
	豊川用水二期事業	水資源機構	農業用水（静岡、愛知）、水道（愛知）に工業用水（静岡、愛知）	1999〜2015 年度
木曽川	徳山ダム	水資源機構	水道・工業用水（岐阜、愛知）	1971〜2011 年度
	愛知用水二期事業	水資源機構	農地用水・水道・工業用水	1981〜2006 年度
	木曽川水系連絡導水路事業	水資源機構	徳山ダムにおいて確保される水を木曽川および長良川に導水	2006〜2015 年度
	木曽川右岸施設緊急改築事業	水資源機構	農業用水、水道、工業用水（岐阜）	2009〜2014 年度
淀川	川上ダム建設事業	水資源機構	水道（三重）	1981〜2015 年度
	天ヶ瀬ダム再開発事業	国土交通省	水道（京都）	1989〜2015 年度
	河川総合開発事業として安威川ダム建設、丹生ダムは、当面の間は水資源機構事業			
吉野川	香川用水施設緊急改築事業	水資源開発公団	農業用水、水道、工業用水（香川）	1999〜2008 年度
筑後川	福岡導水事業	水資源機構	水道（福岡）	1973〜2012 年度
	大山ダム建設事業	水資源機構	水道（福岡）	1983〜2012 年度
	佐賀導水事業	国土交通省	筑後川、城原川および嘉瀬川を連絡	1974〜2008 年度
	筑後川下流土地改良事業	農林水産省	農業用水（福岡、佐賀）	1972〜2011 年度
	小石原川ダム建設事業	水資源機構	水道（福岡）	1992〜2015 年度
	両筑平野用水二期事業	水資源機構	農業用水、水道、工業用水（福岡）、水路機能回復（佐賀）	2005〜2013 年度

吉野川水系と筑後川水系の事業の一部は、計画年が切れたまま更新されていない。

出典：利根川・荒川（http://www.mlit.go.jp/tochimizushigen/mizsei/d_plan/fullplan/fp1tnh.pdf）
豊川（http://www.mlit.go.jp/tochimizushigen/mizsei/d_plan/fullplan/fp2tyh.pdf）
木曽川（http://www.mlit.go.jp/tochimizushigen/mizsei/d_plan/fullplan/fp3ksh.pdf）
淀川（http://www.mlit.go.jp/tochimizushigen/mizsei/d_plan/fullplan/fp4ydh.pdf）
吉野川（http://www.mlit.go.jp/tochimizushigen/mizsei/d_plan/fullplan/fp5ysh.pdf）
筑後川（http://www.mlit.go.jp/tochimizushigen/mizsei/d_plan/fullplan/fp6ckh.pdf）

図表 1-8　全国総合開発計画（国土形成計画）の移り変わり

	全国総合開発計画	新全国総合開発計画（新全総）	第三次全国総合開発計画（三全総）	第四次全国総合開発計画（四全総）	21 世紀の国土のグランドデザイン（五全総）
閣議決定	1962 年	1968 年	1977 年	1987 年	1998 年
目標年次	1970 年	1985 年	1977 年からおおむね 10 年間	おおむね 2000 年	2010～2015 年
制定時内閣	池田内閣	佐藤内閣	福田内閣	中曽根内閣	橋本内閣
投資規模	「国民所得倍増計画」における投資額に対応	1966～1985 年 約 130～170 兆円	1976～1990 年 約 370 兆円	1986～2000 年度 1000 兆円程度	投資総額を示さず、投資の重点化、効率化の方向を提示
基本目標	地域間の均衡ある発展	豊かな環境の創造	人間居住の総合的環境の整備	多極分散型国土の構築	多軸型国土構造形成の基礎づくり

出典：「国土計画の歩み編」http://www.kokudokeikaku.go.jp/document_archives/ayumi.html（参照日 2012 年 6 月 24 日）より作成

画のほか、都府県総合開発計画、地方総合開発計画、特定地域総合開発計画を策定して、国土を開発することが目的の法律だ。

全国総合開発計画（現・国土形成計画）は改訂を繰り返し、第二次の計画である新全総からは計画遂行に必要な投資額を確保する根拠となってきた（図表1-8）。新全総は一九年間で最大一七〇兆円、三全総は一四年間で約三七〇兆円、四全総は一四年間で一〇〇〇兆円程度と投資総額が閣議決定により確保されることとなった。

しかし、五全総の策定時には、投資総額の明示が事業の硬直化をもたらしてきたとの反省から、金額の代わりに整備の達成目標を書きこむことになった。しかし、結局は計画内容が達成されるまで財源が確保されることには変わりはなかった。

全国総合開発計画（五全総から「国土形成計画」）には、「土地、水そのほかの天然資源の利用に関する事項」が含まれ、これに基づいて、全国レベルの「長期水需給計画」が策定されることとなった。三全総で「全国総合水資源計画」、四全総で「全国総合水資源計画（ウォータープラン２０００）」、五全総で「新しい全国総合水資源計画（ウォータープラン21）」が策定されていった。

これによって、限定した七水系では水資源開発促進法に基づくフルプランで緊急にダム開発を進めると同時に、全国的には全国総合開発計画で「均衡ある安定的発展」を目指して水資源開発が進められた。

特別会計

護送船団体制をさらに強固なものにするのが、特別会計である。

建設事業費

水資源機構がダム建設を進めるための費用負担の流れは複雑で、「治水」と「利水」では違うので、詳しく解説する（図表1－9）。

まず、治水については、国と地方は七対三の割合で費用を負担するのが基本である。たとえば、一つの地方公共団体が流域に位置するのであれば、国が七、地方公共団体が三の割合で負担をする。地方公共団体が複数ある場合はその治水の受益に応じて負担が決定する。国と地方、二方向からくるお金を入れておく国の財布が「社会資本整備事業特別会計」である。

事業への参加を決めた都府県は、事業が始まった年から負担金の支払いを始める。国から毎年請求がきて、特別会計にお金を入れることになる。水資源機構はこの特別会計から交付を受けて、事業を進めることになる。その支払いのために、国は建設国債を、地方は地方債を発行し、返済をしながら利息も別途払うことになる。

もう一つは利水の負担費用である。

これについては、水資源機構が自ら借金をして先行投資をする。ダムが完成し、受益が発生し始めた段階から、受益者が返済する仕組みだ。「償還」という。この利水事業には国が「補助金」を出す。水道用水の三分の一、工業用水の四〇パーセント以内、農業用水の七〇パーセント以内の割合で国庫補助金が支払われる。

水道用水は多くの場合、都府県の企業局や企業庁（地方公共団体によって異なる）が水の卸売りの役割を担い、単独や複数の基礎自治体が運営する水道事業者に水を小売りする。小売りの立場である水道事業者は、一般家庭から水道料金を徴収して、都府県の企業局や企業庁に水代を払う。都府県がそれを水資源機構に償還する構図である。

工業用水は都府県の企業局や企業庁が、工場などの企業に水を小売りしてその代金を徴収して償還する。

農業用水は、国が七割の補助を出し、残りの三割のうち二割は都府県と市町村が負担する。土地改

図表 1-9　水資源機構の建設事業の費用負担の流れ

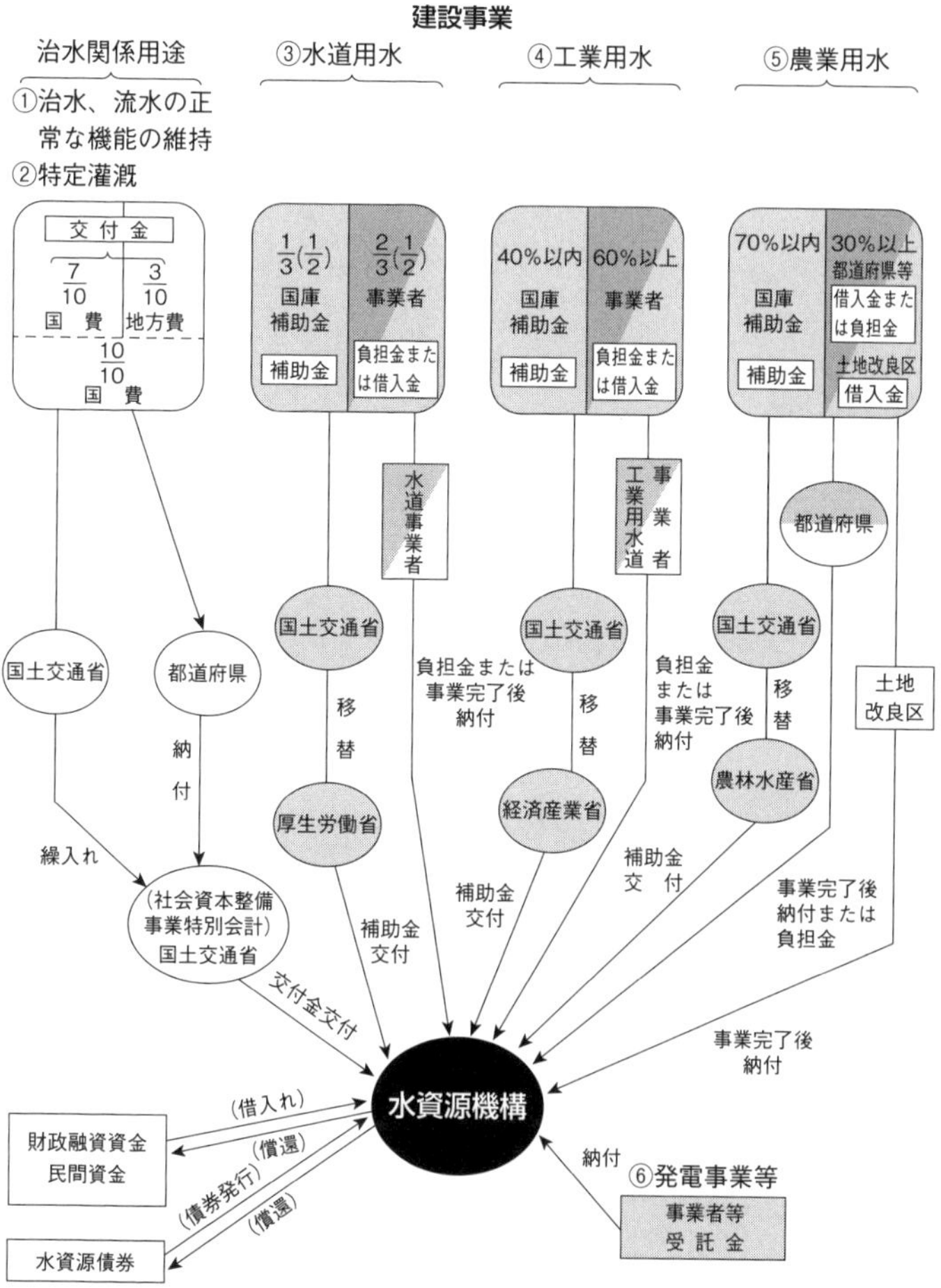

出典：水資源機構ウェブサイト「事業負担の流れ」より作成
http://www.water.go.jp/honsya/honsya/outline/pdf/12gaiyo-hon2.pdf

良区が負担するのは最大でも一割程度だ。一般家庭や工業用水を使う企業に比べると、農家は優遇されている。国の政策はけっして平等ではない。

さて、受益者からの償還が始まるまで、水資源機構が資金を調達する先は、財政融資資金（二〇〇一年からは財投機関債も）や民間銀行である。

この支払いの構図の特徴は、水資源機構にはなんのリスクもないということだ。事業開始前に、地方公共団体と関係行政との協議で決定すれば、負担や返済は国と地方まかせで水資源機構はしゃにむにダムを開発することが仕事となる。

なお、国や複数の地方公共団体が負担割合や工期を協議して決めるためだけの法律もある。特定多目的ダム法である。建設費の負担（第七条）や受益者負担（第九条）について定め、国土交通大臣は、負担を含めた基本計画（第四条）を策定する。その際、関係大臣や知事などの意見を聴かなければならない。知事は、都道府県議会の議決を経たうえで意見を述べる。

管理業務費

なお、ダム事業の費用は、建設してしまえば終わりではない。維持管理のための負担（図表1－10）は別にある。

治水については毎年かかる管理業務費が単年度ごとに水資源機構に支払われる。これにも社会資本整備事業特別会計が使われる。もともとは国五・五対地方四・五で負担をしていたが、政権交代後に、

図表 1-10　水資源機構の管理事業の費用負担の流れ

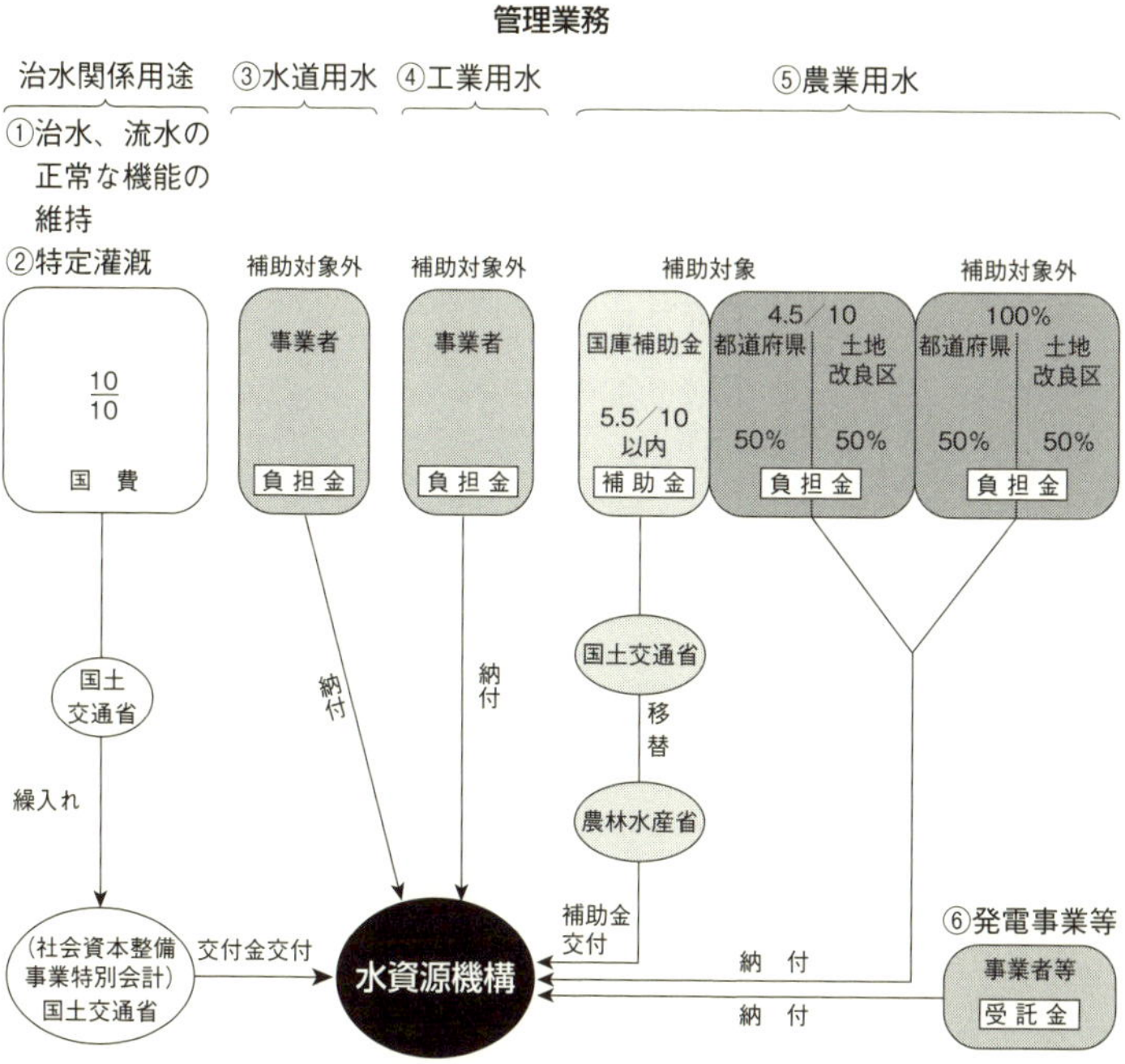

※上記費用負担の流れには公団期のものも含みます。

出典：水資源機構ウェブサイト「費用負担の流れ」より作成
http://www.water.go.jp/honsya/honsya/outline/pdf/12gaiyou-hon2.pdf

図表 1-11　特別会計改革の前と後
「改革」が行われた結果、名前だけが変わった特別会計

改革前		改革後	
道路整備特別会計	➡統合	社会資本整備事業特別会計	道路整備勘定
治水特別会計			治水勘定
港湾整備特別会計			港湾整備勘定
空港整備特別会計			空港整備勘定
都市開発資金融通特別会計			業務勘定

地方負担が廃止され、二〇一〇年度からは一〇〇パーセント国の負担となった。

利水については水道用水、工業用水、農業用水とも受益者の負担である。ただし、農業用水は一〇分の五・五以内で国庫補助があり、都府県も負担金を支払う。

なお、ここでは「社会資本整備事業特別会計」と書いてきたが、より具体的に記すと、「社会資本整備事業特別会計治水勘定」である。これは「母屋〈一般会計〉ではおかゆ食って、辛抱しようとけちけち節約しておるのに、離れ座敷〈特別会計〉で子供がすき焼き食っておる」（塩川正十郎・財務大臣、二〇〇三年二月二五日衆議院財務金融委員会、〈 〉は筆者加筆）と、時の財務大臣が自ら批判した結果である。

二〇〇七年に「特別会計に関する法律」で、もとは「道路整備特別会計」「治水特別会計」「港湾整備特別会計」「空港整備特別会計」「都市開発資金融通特別会計」が、それぞれ別の法律（たとえば治水特別会計法、一九六〇年制定）に基づいて設置されていたものが統合されて、「社会資本整備事業特別会計」に束ねられた。

しかし、それらは特別会計の代わりに「勘定」という名前がついて、大きなサイフ「社会資本整備事業特別会計」の中に小分けした小さなサイフとして入っただけだった。「治水特別会計」が「治水勘定」という名前に変わり、実質変化がない（図表1-11）。

こうして、水資源開発促進法による水系の指定とフルプランを軸に、特殊法人、官庁の後ろ盾、審議会、地方公共団体との協議、予算、特別会計、費用負担からなる開発スキームが整った。

第二章　見えてきた成長の限界

――繰り返された勧告

水資源開発促進法が制定されてから半世紀が経った。その後、日本はどのような変化を遂げたのか。いくつかの側面から見てみよう。

第一章で紹介した国土総合開発法に根拠を持つ、「全国総合開発計画」を踏まえて作った長期的な水需給の見通し「全国総合水資源計画」はどうなったか。

一九九九年に策定された最新の「新しい全国総合水資源計画（ウォータープラン21）」での見通しと、国土交通省が毎年発行している「水資源白書」の実績を、一日一人あたりの生活用水の使用量で比較すると、生活の質の変化がよくわかる（図表2−1）。

実績では、急速に伸びていた一日一人あたりの生活用水の平均使用量の伸びは、一九九〇年代に入ると急速に鈍化していた。ところがウォータープラン21の予測では、急増傾向が一九八〇年代の頃のように続く。

これを人口の実績データと重ねてみると（図表2−2）、人口が増加し続けていた間も、一人あたり

図表2-1　生活用水の1日1人あたり平均使用量

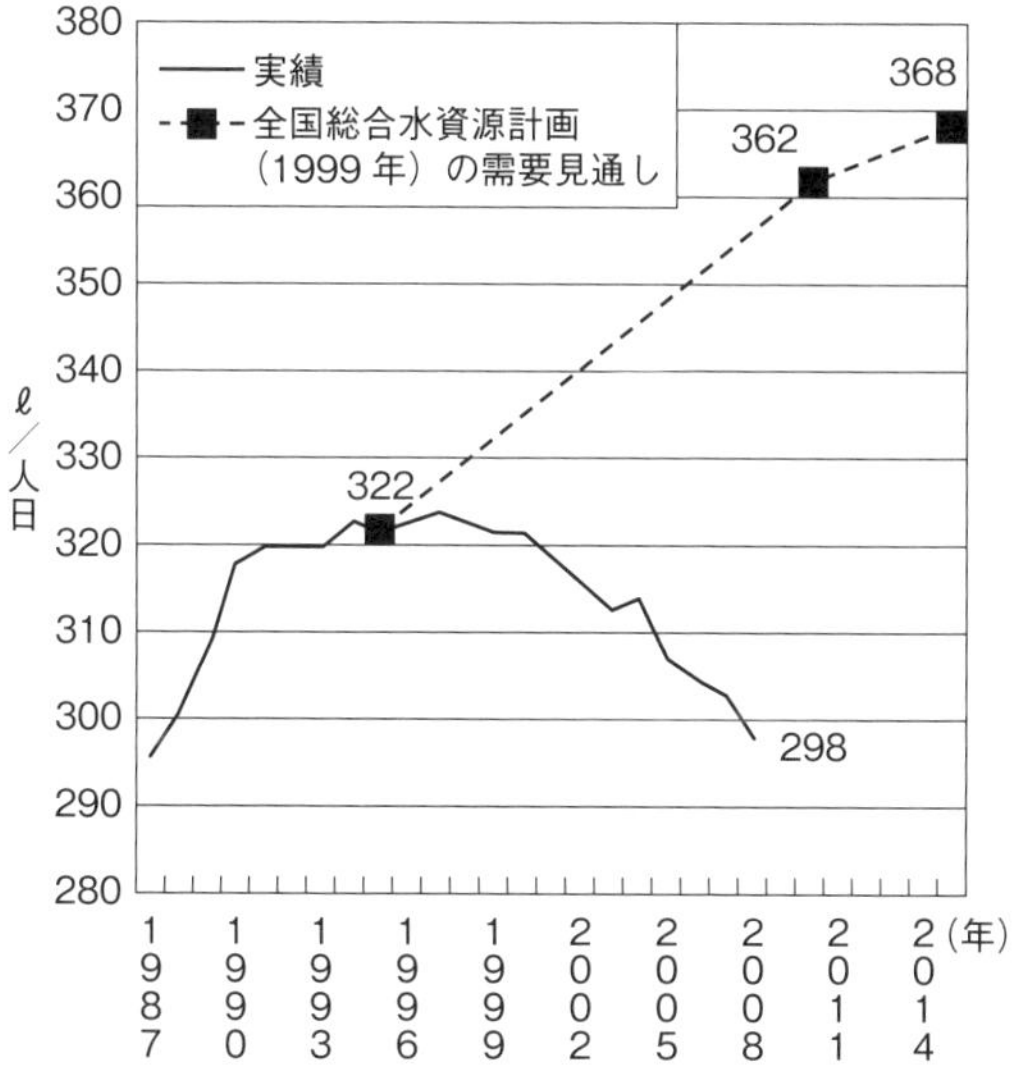

出典：「新しい全国総合水資源計画（ウォータープラン21）」(国土庁1999年6月）および「2011年版日本の水資源」の「生活用水の1人1日平均使用量の推移」より作成
全国総合水資源計画で数値が示されているのは1995年、2010年、2015年のみで、点線は筆者による補助線

の生活用水は一九九七年の一日三二四リットルをピークに減少の一途をたどっていたことがわかる。

　その理由は、技術革新にある。二〇〇八年版「水資源白書」によれば、家庭で使われる水のうち四割強をトイレと洗濯が占めており、双方とも「節水型機器」への移行が進んできた。トイレは、一日一人二六リットルを使うが、これは一九五〇年代の三分の一、一九七五年の二分の一だという。また洗濯機は全自動洗濯機の性能の向上で、一九八八～一九九五年にかけて洗濯物一キロあたりの使用水量が六割も減った。この背景には省エネルギー法やグリーン購入法の

図表 2-2　人口と1日1人あたり平均使用量の推移

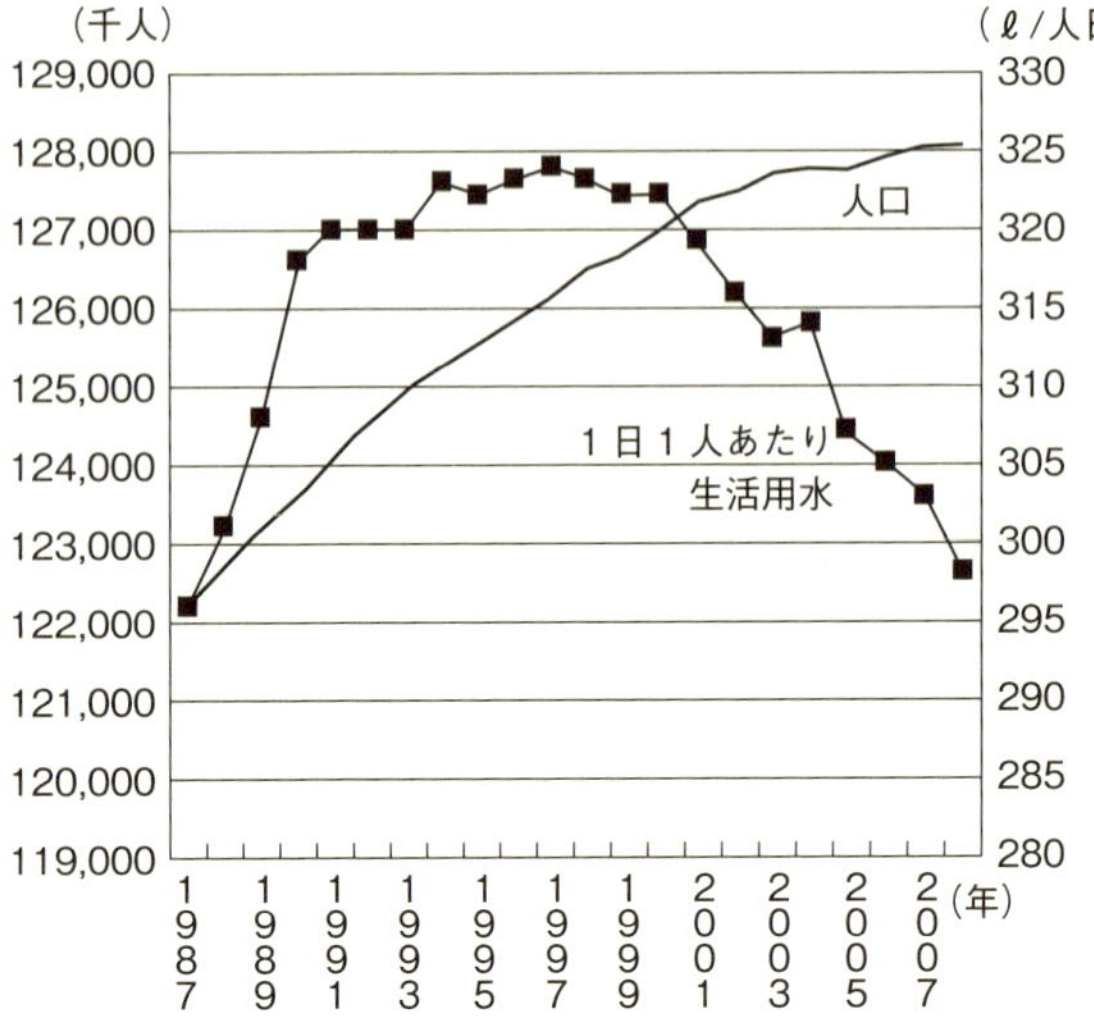

出典：「2011年版日本の水資源」の「生活用水の1人1日平均使用量の推移」および「日本の将来推計人口」（国立社会保障・人口問題研究所 2012年1月推計）より作成

施行、さらには震災や事故などによる断水リスクの軽減や、水道料金の負担軽減を狙って、大口の需要者を中心に地下水の利用が増加したことも一因にあるという。

　資源をより少なく、有効に使う技術が発達することにより、量的に成長する社会から、質的に成長する社会になった。しかし、二〇〇八年版の「水資源白書」では、国土交通省は、「高度経済成長期における大都市を中心とする急増する水需要に対し、施設整備を中心とする量的なキャッチアップの時代は、社会経済活動が安定的な局面へ移行した今日、ほぼ終わりつつある」と「終わり」を認めたわけではなかった。

「終わった」と書いた瞬間に、ミッショ

ンが完了し、次のステージへ進めるのだが。

見えてきた限界

量的な成長の限界は税収でも見えてきた。一日一人あたりの生活用水の増加が鈍化した時期である。今となっては、「ワニの口」と通称されるようになった歳出と税収の違いと、そのギャップを埋める国債発行額の増加は、社会の変化を如実に表している。「ワニの口」が大きく開き始めたのが一九九三年頃である（図表2-3）。

税収が一九九〇年の六〇・一兆円をピークに、一九九一年から微減し、一九九二年に歳出を前年と増減なしに抑えて様子を見たかのような形跡があるが、一九九三年に歳出を増やしたことが、ワニの口の広がりの始まりとなった。

一九九三年度予算案の説明では、「平成五年度予算は、特例公債の発行を厳に回避するため、制度や歳出の徹底した見直し、合理化等に積極的に取り組む」という一方、「公共事業関係費につきましては、景気への配慮という観点から、その拡充を図る」（一九九三年一月二七日衆議院予算委員会、林義郎・大蔵大臣）とした。さらに翌年の初頭には一九九三年度補正予算が措置された。

補正予算は一九九四年度中の経済回復と一九九五年度以降の安定成長を確実なものとする「一五兆円を上回る史上最大規模の総合経済対策」であると説明され、歳入は「公共事業関係費の追加に対応

図表 2-3　一般会計税収、歳出総額および公債発行額の推移

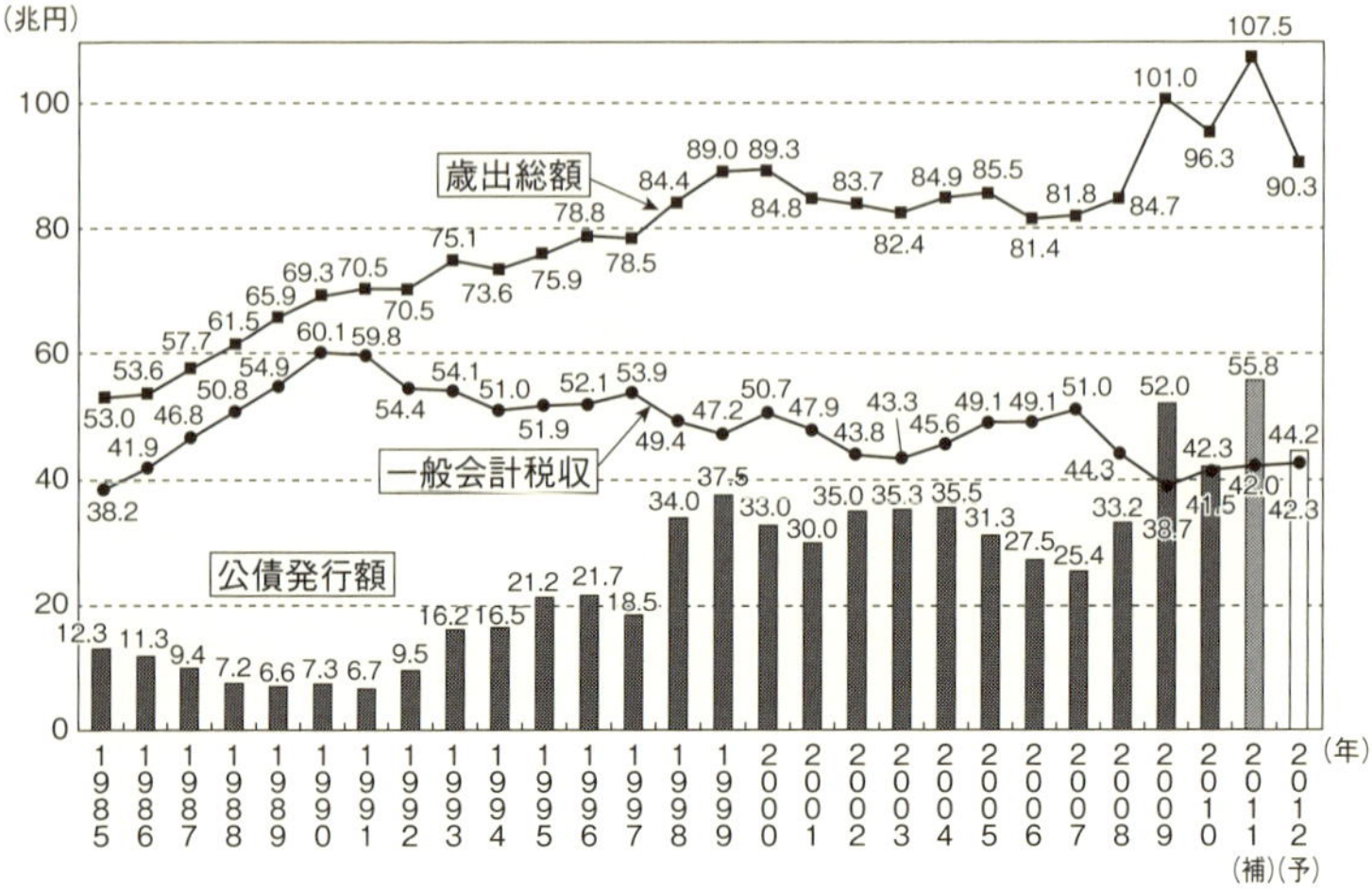

出典：財務省「わが国税制・財政の現状全般に関する資料（2012 年 4 月末現在）」
http://www.mof.go.jp/tax_policy/summary/condition/003.htm

するもの等について建設公債二兆一八二〇億円を追加発行する」（一九九四年二月、藤井裕久・大蔵大臣）と、プライマリーバランスを平衡させるのとは逆方向に向かった。

しかし、税収を回復させる経済対策にはならず、国土交通省のハコモノへの投資額がピークを打つのは一九九五年。「無駄な公共事業批判」を受けながらなおも増減を繰り返し、本格的に減少を始めるのは二〇〇〇年になってからだ。税収のピークから一〇年もずれていた。

国土交通省はそれからさらに五年を経てようやく対外的に二〇〇五年度の「国土交通白書」で、危機感を表した。このままでは、新規建設を止めたとしても、税収の落ちこみが続けば、やがて、施設の維持更新が賄えなくなるのである（図表2-4）。

図表 2-4　税収と公共事業

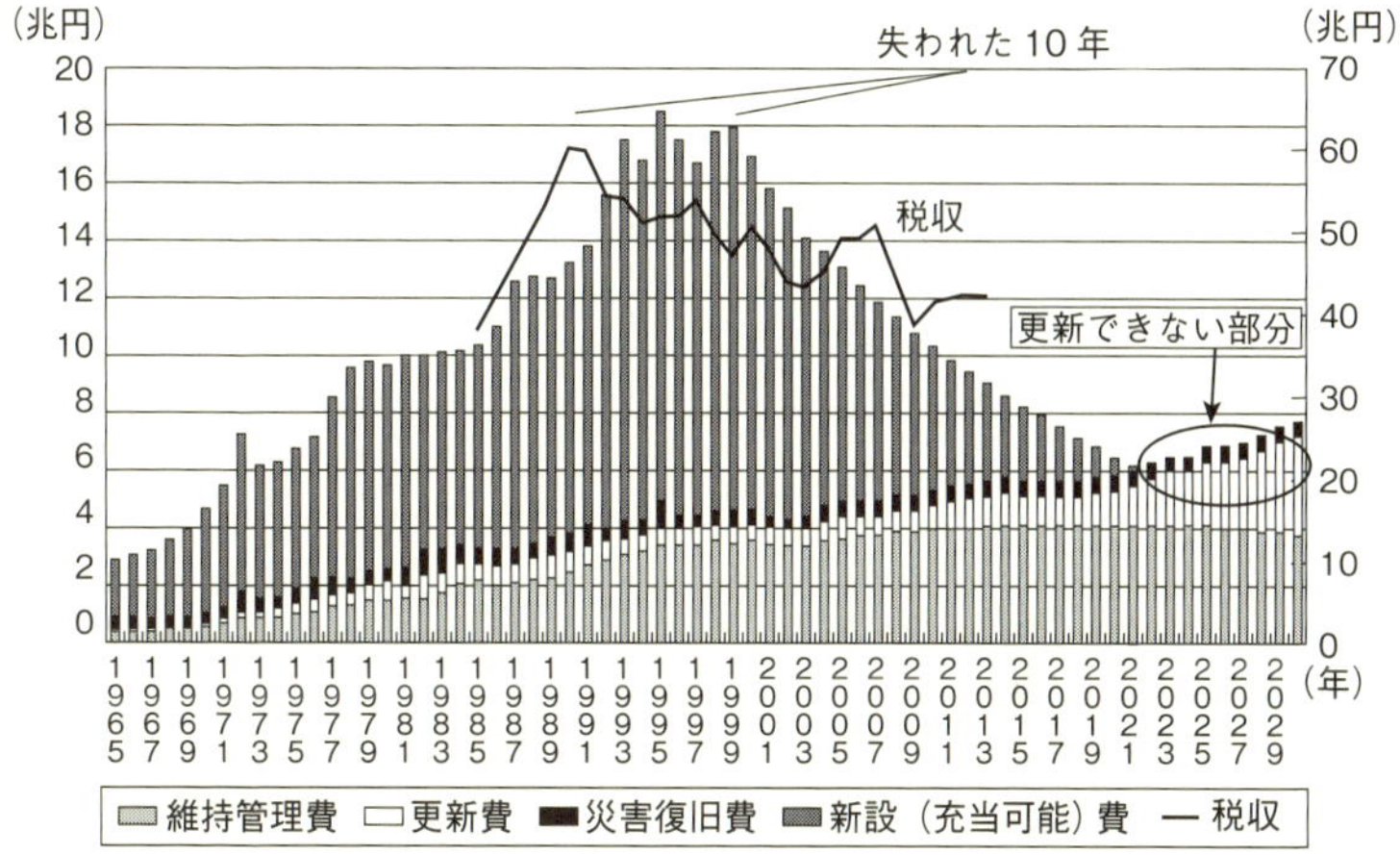

出典：財務省「わが国税制・財政の現状全般に関する資料」（2012 年 4 月末現在）および 2005 年度「国土交通白書」より作成
http://www.mlit.go.jp/hakusyo/mlit/h17/hakusho/h18/index.html

この事態が国の機関で懸念されていなかったわけではない。それどころか、あらゆる行政監視機関が警告を発し続けていたのである。日本国憲法にその根拠を持つ会計検査院、総務庁行政監察局（現・総務省行政評価局）による行政監察、その後に始まった政策評価法に基づく行政評価、そして国会などである。

行政のチェック機関としては、裁判所以外はすべてがこうなることについて警告を発してきたと言っても過言ではない。

しかし、発せられた警告を反映させることに行政は消極的だった。また、評価をする側とされる側がすり合わせてから出すために、差し障りのない文章に落としこめられ、行間を読まなければ、何を警告、勧告、意見しているのかがきわめてわかりにくい。

ここでは、すり合わせられた「霞ヶ関文学」を紐解いて、求められていた改革とはなんだったのかを見ていく。

会計検査院が繰り返した指摘

一九八三年　事業の長期化

ダム事業の特徴の一つである長期化問題について、会計検査院が指摘を行ったのは一度ではない。一度目の指摘は、一九八三（昭和五八）年に行われている。[*1] 多目的ダム建設事業について検査を行い、長期が経過し、多額の事業費が投じられてきたにもかかわらず、「事業効果の発現が著しく遅延している」と指摘した。

八ッ場ダム（利根川：群馬県）、長島ダム（大井川：静岡県）、矢作川《やはぎがわ》河口堰（矢作川：愛知県）、温井《ぬくい》ダム（太田川：広島県）など、一九八三年度までの執行額四二一億八四五五万余円について、「実施計画調査に着手後一〇箇年以上を経過した現在においても、用地買収、補償交渉が難航している」、つまり本体工事に着工の見通しが立っていないことを明らかにした。

このうち、八ッ場ダムが利根川水系フルプランに、矢作川河口堰が木曽川水系フルプランに位置づけられていた。この時点で、「広域的な用水対策を緊急に実施する必要がある」ことを前提とした立法目的を果たしていないと判断することはありえる選択肢だったのではないか。

しかし、会計検査院の限界は問題の指摘までである。「このまま推移すると（略）推定されている災害防除の効果が今後も長期間にわたって期待できないなど治水目的の達成に支障をきたすこととなる」「利水においては、都市等における用水の安定的確保、特に渇水時における用水の供給や不安定な取水状況の解消に支障」をきたす、「事業の長期化に伴う経費増と物価上昇などによる事業費の増《ぞう》嵩《すう》などから原水単価が高騰する」などの指摘が行われたものの、国土交通省などのダム事業者は対応しなかった。

一九九四年　発揮されない洪水被害軽減の効果

二度目の指摘は一一年後の一九九四年。[*2] この時、取り上げられたダム事業には、一度目の会計検査でも問題が指摘された八ッ場ダム事業や矢作川河口堰、そして第五章で後述する長良川河口堰がある。

八ッ場ダムについては、「事業着手後二九箇年を経過した現在でもダム本体工事に着工しておらず今後も更に長期間を要する状況である」と指摘した。二回目の会計検査でも「このような状況でこのまま推移すると、洪水被害軽減の効果が今後も長期間にわたって期待できない」との指摘のほか、「利水においては、事業の長期化に伴う経費増と物価上昇などによる事業費の増嵩などから原水単価が高騰する」と一九八三年と同じことが警告された。

一九九四年と言えば、税収の減少傾向が明らかになっていた。その後、矢作川河口堰のように事業の中止に至ったものもあるが、さらに長期化した事業の一つが八ッ場ダムだ。水資源開発促進法の政

図表2−5　会計検査院に二度も事業の長期化が問題にされた八ッ場ダム事業のその後

計画変更年	工期の延長	事業費の増額
当初計画（1986年）	2000年度	2,110億円
1回目変更（2001年）	2010年度	2,110億円
2回目変更（2003年）	2010年度	4,600億円
3回目変更（2008年）	2015年度	4,600億円

出典：特定多目的ダム法に基づく八ッ場ダム事業の基本計画より作成

策目的から大きく外れて、工期延長と事業費の増額を繰り返すこととなった（図表2−5）。

二〇〇九年　費用対効果分析

三度目は、二〇〇九年、効果の算定方法に関する指摘である。[*3]

国土交通省では一九九八年から、新しく事業を採択する時の評価、再評価（直轄事業は採択後三年、補助事業は五年）、完成後の事後評価を行うことになった。このうち、再評価の時には費用対効果分析を行うことになった。

無駄か無駄でないかという客観的な判断に、国土交通省が「効果」として使おうと考えた指標のひとつが「被害軽減期待額」だ。洪水で堤防が切れて被害が起きた時のダムがない場合の被害額とダムがある場合の被害額の差だ。

会計検査院は、こうした費用対効果の方法を事業者が決めているため、やり方によっては費用対効果が一以上だった事業でも、それを下回る場合があることを指摘し、過大評価されている効果があることを次のように明らかにしていった。

第一に、検査対象を、国土交通省事業の二三ダム（二〇〇九年度末までの執行済額二兆三六五〇億円）、水資源機構事業の五ダム（同四八四一億円）、道府県事業の三八ダム（同六一二〇億円うち国庫補助金二八七五億円）、合計六六の建設中のダム事業とした。

第二に、国土交通省河川局（現、水管理・国土保全局）は、費用対効果分析を「治水経済調査マニュアル（案）」にしたがって行っている。そのやり方とは、次のようなものである。

①ダムを整備する期間とダム完成から五〇年間が計算の対象。

②「費用」は、ダム建設費と維持管理費。

③「便益」は、ダム完成から五〇年間の各年における年平均被害軽減期待額（ダム完成によって防止しうる洪水の被害額）および対象期間が終了した時点のダムの残存価値の合計。

④その比率を算出したものが「費用便益比」となる。

第三に、右の③の被害の計算の仕方に問題があり、計算された「便益」と実態は乖離していることが指摘された。被害の計算は「治水経済調査マニュアル（案）」では次のように行われている。

まず、洪水が起きる確率（五年に一回や一〇年に一回など）が違う六ケースの洪水の流量を想定する。堤防が切れたら被害が最大となる状況を想定して「氾濫シミュレーション」を行い、ダム建設でそれが軽減されるという想定で計算する。

会計検査院は、この計算で、五年に一回の確率で三九ダム（直轄一六ダム、水資源機構二ダム、補助二一ダム）が軽減すると想定する被害額を検査した。次に、水害統計（国土交通省資料）を使って一九九八～二〇〇七年までの被害実績と対比した。

すると三九ダムのうち二八ダムでは最大被害と想定された状況が一度も発生しておらず、そのうち二〇ダムの被害額は想定の一〇パーセント未満だった。被害が軽減できることを「効果」と呼んでいるので、実際の被害が一割以下であれば、この計算は成り立っていないことになる。

第四に、「治水経済調査マニュアル（案）」では扱いを決めていない要素を、各ダム事業でどう費用や便益として計算しているのかを検査した結果、次のようなことがわかった。

①現在価値化の欠如

国土交通省では「治水経済調査マニュアル（案）」のほかに「公共事業評価の費用便益分析に関する技術指針（共通編）」も策定しており、現在価値化を行っている。この指針では過去の費用は大きく、未来の費用は小さく計算することになっているが、そのような計算が行われていないダム事業が一七ある。計算をしなおすと、総費用が最小で五・二パーセント、最大七三・〇パーセントも増加し、費用対便益が一・〇を下回るダムがあった。

②不特定容量の便益の算定の有無

「不特定容量」とは「河川維持流量」とも表現し、要は、川に流れることを確保する水量をいう。[*4]ダムがなければ自然に流れる水をいったん堰き止めておいてそれを流す時に、それを「便益」と計算することが妥当かどうかの筆者の疑問は横に置くが、この便益の算定の仕方は、「治水経済調査マニュアル（案）」には書かれていない。そこで会計検査院が調べたところ、対象六六ダムのうち不特定容量を有するダムは六一あり、便益を算定しているダムとしていないダムがあり、[*5]計算方法を変えると費用便益比が一・〇を下回るものがあった。

③維持管理費（堆砂除去費）の過小評価

「治水経済調査マニュアル（案）」では、除草、ポンプの運転経費、設備交換費などを五〇年分見積もることになっている。こうした年間維持管理費については周辺ダムの平均額を参考に算定されていたが、ダムに堆積する土砂の除去費については含まれているかどうかは明らかでない。そこで、会計検査院は、対象に限らず、二九三ダム（直轄八一ダム、水資源機構二二ダム、補助一九〇ダム）の土砂の堆積状況を調べた。すると堆砂容量が想定を超えていたダムがあった。また、六七ダム（直轄二八ダム、水資源機構一二ダム、補助二七ダム）での堆積除去費は、一立方メートルあたり単価三〇〇〇円で試算すると二〇〇九年度は八六五億円だった。

要は、「治水経済調査マニュアル（案）」による計算には現実との乖離があり、計算の仕方によって費用便益比を一以上にも以下にもできる。会計検査院はこの欠陥のある算定方法を適正化するよう意見したものだ。

二〇一〇年　放置された指摘

会計検査院の四度目の検査は、三度目の検査結果を国土交通大臣に示した後の報告である。二〇一〇年一一月と一二月に、国土交通省、各地方整備局、水資源機構、都道府県にその後の処置を、会計検査院が確認したところ、費用便益比の算定方法を合理的なものにするよう「検討を行う処置を講じる」と国土交通省が答えたことが書かれている。

ところがその一年後、この「処置」について二〇一一年一一月に「八ッ場ダムの費用対効果に関する質問主意書」（塩川鉄也・衆議院議員提出）で問われると、「国土交通省においては、会計検査院の指摘を踏まえ、年平均被害軽減期待額の算定方法について、最新のデータを踏まえた浸水深別の被害率の検討等の処置を講じているところである」と繰り返し、未処置だったことがわかった。

質問は、二〇一一年一〇月に行われた八ッ場ダム建設事業の検証の場で行われた費用対効果の具体的な数値を使って、国土交通省がその便益を約二兆一九二五億円（年平均洪水被害軽減額一三四八億円）とはじき出したことに対し、実際の洪水被害はいくらかと実績を尋ねたものだった。

これに対し、政府は「水害統計調査」に基づけば、一九六一〜二〇〇九年までの四九年間で計八六四二億円と答弁した。これは年平均一七六億円となり、想定の八分の一である。効果が過大評価される費用便益の計算手法は是正されていなかったのである。しかし、二〇一一年一二月、この費用便益分析のお墨付きを得て、国土交通省は「八ッ場ダム中止」の撤回へと向かった。会計検査院の指摘は放置され無駄に終わったのだ。

二〇一二年　指摘を活かさない国会

会計検査院の五度目の検査は、国会の要請で行われた「大規模な治水事業（ダム、放水路・導水路等）に関する会計検査」である。会計検査院法第三〇条の三では、衆参両院から要請があった時は、特定の事項について会計検査を行うこととされている。参議院決算委員会は二〇一一年二月に、国土交通省と水資源機構による大規模治水事業（ダム四七カ所、放水路二カ所、堰一カ所、導水路二カ所、遊水池調節池四カ所、高規格堤防五水系六河川）について会計検査を行うよう要請した。この中には、利根川水系フルプランに位置づけられた湯西川ダム、八ッ場ダム、南摩《なんま》ダム、淀川水系フルプランに位置づけられた川上ダム、丹生《にう》ダム、天ヶ瀬ダム再開発、筑後川水系フルプランに位置づけられた小石原川ダム、大山ダムが含まれている。

検査の結果、重松博之・会計検査院長は二〇一二年二月二四日に、参議院決算委員会で次のようなずさんな実態を指摘して改善を求めた。

・放水路等事業においては、事業主体が計画を策定した時の資料を保有していないため、必要とされる計画規模について説明責任が果たせない状況となっている。

・ダム建設事業においては、事業が完了していないのに事業期間の延長が行われないまま、計画上の事業期間が過ぎているものがある。

・スーパー堤防事業では、国土交通省が整備延長を五万六三〇メートル、整備率を五・八パーセントとしていたが、実際には九四六三メートル、一・一パーセントにすぎない。

しかし、結びの言葉は、「大規模な治水事業を適切かつ効率的、効果的に実施するよう努める必要がある」と指摘するにとどまり、これが会計検査院の限界でもある。[*6] また、検査結果を検査を命じた側の国会が政策転換に活かさない限りは、指摘は現状追認に終わる。

行政監察による勧告

総務庁行政監察局（現・総務省行政評価局）は二度の勧告を行っている。

一度目の行政監察は、一九八九年七月、水資源開発公団（当時）、関係省、地方公共団体に対する次のような問題の指摘である。

一九八九年　水利権の転用

農業用水については、都市用水への転用が進んでいないこと。都市化が進行し、耕地面積が減少していることを踏まえて一九七〇年から始まった「農業用水合理化調査」や一九七三年からの「農業用水合理化対策」が進んでいないこと。さらに「慣行水利権等実態調査」が進んでいないことである。

「水利権」とは水を使う権利で、ダム開発によって確保する貯水容量によって水利権が新たに生じる。慣行水利権とは河川法ができる一八九六年以前から農業用水として取水してきた権利で一九六四年の改正河川法で届け出ることになったが、一九六九年以降に調査された一九〇地区で、農業用水から都市用水へ転用されたのは一〇地区のみだったという指摘である。

工業用水は、一九六五年に三六・二パーセントだった回収率は一九八八年に七五・三パーセントにまで改善されたと指摘され、さらに改修利用促進や水利権の転用が勧告されている。

水道用水については、漏水防止や老朽経年管の取り替え、節水機器の取り付け指導の徹底をするよう地方公共団体に勧告した。

ダム建設計画については、調査した三八ダムのうち水没予定地住民の理解が十分得られていないダムがあることを指摘し、水源地域対策を講じるようにと勧告。また、建設後の堆砂問題については、一〇〇年間で流入する土砂の堆砂が、地質や地形によって計画以上に早く進行したケースがあり、効率的な堆砂防止策を講ずるよう求めていた。

水資源開発公団（当時）については、業務運営体制の合理化が求められた。定員を減らし、民間委託を促進するよう勧告されている。

二〇〇〇年　水需要の見きわめ

二度目の行政監察は二〇〇〇年五月で、「特殊法人に関する調査結果報告書」として水資源開発公団（当時）について行ったものだ。国からの交付金、補助金、財政融資資金を原資にダム開発を行っている法人として、その収支構造、事業の効果、償還の確実性の検証を目的に行われた。

その結果、水需要は伸びていないことから、「新規事業の実施に際しては、水需要の動向等を十分見きわめることが肝要」と指摘。また、水資源開発公団の管理業務費については、ダムの有効貯水量一〇〇〇トンあたりの管理コストが増大していると指摘した。

一度目の行政監察は、水利権の合理化や転用を進め、融通し合えば新しいダムを作らなくてもすむ、二度目は水需要の動向を見きわめれば、これもまた新しいダムを作る必要はない。どちらも新規ダム建設の抑制（政策転換）が求められていると読むべき監察結果であったが、会計検査院と同様、監察結果が活かされたとはいえない。

二〇〇一年　行政評価局でも繰り返された勧告

総務庁行政監察局を引き継いだ総務省行政評価局も二〇〇一年七月六日、「水資源に関する行政評価・監視」[*7]を行った結果を発表し、厚生労働省、農林水産省、経済産業省、国土交通省に対する勧告を行った。[*8]

勧告の中で「国は、水資源開発促進法に基づき、広域的な用水対策を特に必要とする七つの水系ごとに水資源開発基本計画を策定し、事業を実施。基本計画は、ダム、堰等の水資源開発施設の建設の基本となるべきものとされており、需要の実態に即した的確な内容であることが重要」であるとし、現状を次のように整理した。

- 水の使用量は、横ばい傾向である。
- 水資源開発促進法に基づくフルプランは、ダム開発施設の建設の基本であり、需要の実態に即した的確な内容であることが重要である。
- 水資源開発公団については、閣議決定に基づく整理合理化が求められている。

そして、次のようなことが判明したという。

・開発予定水量と実績水量が乖離している。水道では、二〇〇〇年度の需要見通しに対し、一九九六年度ではその約三六〜約五八パーセント、工業用水では、約三〜約五〇パーセントしか実績がない。

・需給が逼迫した際に渇水調整協議会が設置されている水系は、調査対象一級河川七一水系のうち四七しかない。

・慣行水利権については資料が不足しており、必要取水量が確定できない。

・届出ずみの農業用水の取水量と現在の取水実態は相違している可能性が高いのに未把握である。

・ダム建設時に想定された一〇〇年間に流入する土砂の堆砂率は一〇〇パーセントを超過しているものが八九ダム中五ダムある。堆砂進行速度（堆砂量／経過年数）が計画上の堆砂進行速度の二倍以上のダムが八九ダム中一九ある。

勧告は以下のような控えめなものである。

・計画と実績とに乖離があった場合にはその原因を分析し、計画を見直して、妥当性を評価すること。

・需要見通しの推計の精度を高めること。

・使われていない水利権が水道、工業用水、農業用水のそれぞれにあるので、厚生労働省、農林水産省、経済産業省、国土交通省に対し、流域水利用協議会、渇水調整協議会等を活用して、有効活用すること。
・満杯になったダムについては堆砂対策を推進すること。堆砂進行速度が計画を大幅に超えているダムはその原因を調査し、堆砂量の推計方法を改善すること。

これらはすべて、一九八九年に行政監察局時代に勧告された内容と主旨は同様である。

行政刷新会議による「行政評価」の事業仕分け

勧告はできても改革の決定打となりえない行政評価は、じつは二〇〇九年の行政刷新会議による事業仕分け第一弾での対象となった。仕分けメニューは前日までに公開されるため、行政評価を仕分ける第一ワーキンググループの仕分け人を務めた筆者には、ある官僚から告発のメールが舞いこんだ。総務省がやっている行政評価は、「評価する側と評価される側が内容のすり合わせをしてから公表しているから無駄である」との内容である。そこでその確認を行ったところ、説明者（総務省）[*9]からは次のような答えが返ってきた。

「実は国会でも枝野先生が相当そこは厳しく追求をしていただきまして、実は私は当局の勤務経験が短いものですから、ちょっと荒っぽい言い方をするかもしれませんが、事実関係については各省とすり合わせをしております」

この後説明者は、「もうちょっと今のすり合わせの意味をお話ししたい」として、「御案内のとおり評価監視の対象にする各省の行政の責任は各省大臣が負うわけです。それに対して閣議のメンバーたる総務大臣が実態調査をして、それで改善所見は法律の権限で場合によっては勧告が行くことでございますので、私どもの実務の取扱いとしては、少なくとも事実関係と問題点の共有、改革の大づくりの方向性、そういうことについては調整しておく必要があるだろうと思ってやっているわけでございます。ただ、いわゆる指摘する所見、勧告ということを調整することはありません」と述べた。

この時、議論の末、「廃止」一人、「自治体や民間に委ねる」一人、「見直しを行わない」一人、「見直しを行う」一一人で、全体的には「抜本的な機能強化」による見直しという結論が出たが、枝野幸男・衆議院議員からは、「これくらいのことしかやっていないならば、この組織自体が要らないのではないかという声がもっと出るのではないかと予想をしておりました」との感想ももれた。

会計検査院、行政評価、そして事業仕分けのいずれにせよ、こうした意見や勧告を受けた側がそれを反映するか、国会および地方議会が反映して政策転換させない限りは、何万回、問題が指摘されようとも改革は望めない。意見や勧告を見逃し、高みの見物をしていた国会の機能強化こそが必要である。

図表2-6　大規模ダムの数ランキング

大規模ダムの数（合計）ランキング		ダムの機能			
		灌漑	利水	治水	発電
1	中国	中国	米国	中国	中国
2	米国	インド	英国	米国	米国
3	インド	米国	スペイン	日本	カナダ
4	スペイン	韓国	日本	ブラジル	日本
5	日本	スペイン	オーストラリア	ドイツ	スペイン
6	カナダ	トルコ	タイ	ルーマニア	イタリア
7	韓国	日本	南アフリカ	メキシコ	フランス
8	トルコ	メキシコ	ブラジル	韓国	ノルウェー
9	ブラジル	南アフリカ	フランス	カナダ	ブラジル
10	フランス	アルバニア	ドイツ	トルコ	スウェーデン

出典：「ダムと開発　意思決定のための新しい枠組み」（2000年世界ダム委員会）より作成

取り残された日本

ダム建設について会計検査院や行政監察局・評価局が行ってきた指摘は、じつは海外においても行われていた。一九九八年五月、世界銀行と国際自然保護連合が設立した世界ダム委員会（World Commission on Dam）は、世界各国で建設されてきた多数の大型ダム（図表2-6）による問題の総括を行い、二〇〇〇年に、最終報告書「ダムと開発　意思決定のための新しい枠組み」を公表した。

その中で行われた総括は、表現は違うが、長期化、費用と便益の関係、代替案（転用）など、日本の行政チェック機関による警告と一致するものが少なくない。次のようなものだ。

一、ダム建設による社会的コストは無視されてきた。
二、ダム建設による環境コストは予測不可能、軽減困難。
三、ダムは流れこむ有機物により温室効果ガスを排出する。
四、ダムは計画通りの便益をもたらさない。
五、ダムの建設費は見積もりより増大する。
六、ダムに代わる代替案は公平に比較されない。
七、政治家、官僚、ダム建設会社などは大型ダムを好む。

国際的な共通項がまとまる以前に総括を終えて方向転換をしていた米国を含め、先進国においては、一九七〇年代に大型ダム建設は頭打ちをした。二〇世紀の末頃からは、ダム撤去や自然再生事業へと向かっている。

一方、日本は、国内外での教訓を活かさず、ダム建設の数が途上国並に高止まりし（図表2-7）、インド、中国、トルコ、韓国、日本、イランは、世界で最もダム建設が盛んな国々であると国際的には認識されている。

図表2-7　建設中のダムの数ランキング

順位	国	建設中のダム（堤高15m以上）の数
1	インド	695～960（情報源により異なる）
2	中国	280
3	トルコ	209
4	韓国	132
5	日本	90
6	イラン	48（堤高60m以上）

出典：「ダムと開発　意思決定のための新しい枠組み」（2000年世界ダム委員会）

第三章　方向転換のためのハードル

水資源開発促進法を中心とした開発スキームがもたらした硬直した計画と現実への乖離に対し、会計検査院や行政監察の繰り返しの意見や勧告は用をなさず、方向転換は起きなかった。

改革のやり方を護送船団にたとえて言うなら、船団の一網打尽の代わりに、母船（水資源開発促進法）の周りに集まった船に一つ一つ乗りこんで船の動かし方を改善しようとするのが、特殊法人、公益法人、特別会計、審議会といったパーツの改革だった。それらはどのようなものだったか。

開発スキーム改革の原型

開発スキーム改革の原型は、三〇年以上前の「土光《どこう》臨調」に遡る。

土光臨調は、池田勇人内閣のもと臨時行政調査会設置法に基づいて作られた「第一次臨時行政調査会」[*1]に続く「第二次臨時行政調査会」である。二度目に制定された臨時行政調査会設置法（一九八〇年制定）を根拠法に持った。
土光敏夫会長の名前がついた所以は、一連の答申の明解さにあるのだろう。設置後わずか二カ月で出した最初の答申は、「増税なき財政再建」をキーワードに、二兆七〇〇〇億円足りない予算を、増税ではなく次年（一九八二年）度の歳出予算を二兆七〇〇〇億円減らすことで捻出しようというものだった。
開発スキームの実行部隊である特殊法人については、一九八三年三月の最終答申「行政改革に関する第五次答申」で、「社会的意識が低下しているもの、効果が不明確なもの、特定の対象を過度に優遇しているもの等については廃止、縮小、事業分野の限定を図る」との方針が示された。所管庁別に改革方針が示されているが、国土庁（当時）関係法人としての水資源開発公団（当時）についての言及はない。ただし、会計検査院ではダム事業の長期化が問題にされ、「事業効果の発現が著しく遅延している」との指摘を受けた年と重なっていた（第二章）。[*2]
土光臨調による答申で、国鉄、電電公社、専売公社の民営化は実を結んだ一方、「本州四国連絡橋公団」が進めていた四国と本州を結ぶ橋（本四架橋）三ルートのうち二つを全面凍結させる改革案は頓挫した。頓挫の原因は、二〇年の経過の後に語られるようになった。
「官僚が作文をし、国会にかけるというプロセスの中で、官僚および政治家から相当ひどい抵抗があった」と語ったのは、土光臨調で第一特別部会の会長を務めた亀井正夫氏だ。[*3]
二〇〇三年になると、官僚当事者たちも語り始めた。この年は、土光臨調を無視して進められた本州四国連絡橋の料金収入が、〝需要予測〟に反して伸びず、負債を税金で肩代わりする「本州四国連絡橋公団の債務の負担の軽減を図るために平成十五年度において緊急に講ずべき特別措置に関する法律案」が提出された年だ。元経済企画庁総合開発局長で、国土庁事務次官も務めた下河辺《しもこうべ》淳《あつし》氏は、当時「交通量を水増しして数値を作った」と日経ビジネスの取材で語った。また、そのことを二〇〇三年三月二五日の衆議院国土交通委員会で引用した参考人、「有料道路研究センター」の織方弘道氏も、自分自身が「三〇年ほど道路公団に勤めた」と語ったうえで、「バブルがはじけたという以前に、最初から、これだけかかった費用を償還するためには交通量が幾ら必要かということを逆算して計算したということ」だと述べた。また、「政治的決定が先にあって、償還計画がそれに合わせて、これは下河辺さんのお言葉を引用いたしますと、でっち上げると言っておられますが、私どもでは鉛筆をなめると言っております」との解説も行った。改革の失敗の原因は、鉛筆なめを是正できなかったことにあった。

改革メニューとしての基本法――中央省庁改革は省庁合体に

開発スキーム改革に再びメスが入る機会が訪れたのは、一九九六年に誕生した橋本政権の取り組みによる。一九九七年一二月三日に「行政改革会議」（会長、橋本龍太郎・内閣総理大臣）の最終報告*4が提出され、〈①内閣機能の強化、②省庁再編、③行政機能の減量、効率化、④公務員制度改革、⑤

その他行政情報の公開制度と地方行財政制度の改革〉と改革メニューが並んだ。

一九九八年の通常国会で、これを法制化した「中央省庁等改革基本法」（以後、基本法）が成立した。

特殊法人については、第四十二条で「中央省庁等改革の趣旨を踏まえ、その整理及び合理化を進める」とされた。趣旨とは、社会経済情勢の変化を踏まえて、国の仕事を簡素・効率化することである。特殊法人水資源開発公団（当時）の場合は、水資源開発促進法あっての特殊法人であり、本来であれば、水資源開発促進法の検証から始めるべきところである。

ところが基本法自体が、「中央官庁の権限、財源をそのままにして省庁の数を半減」（一九九八年六月九日、衆議院本会議採決時の民主党の反対討論）する性格のものにとどまった。その傘下にある水資源開発公団もまた、所管庁である総理府国土庁が、建設省・運輸省・北海道開発庁と合体して巨大官庁国土交通省となるにともなって、無傷なまま、平行移動しただけだった。

水資源開発政策の根幹を成す法律の解体ではなく、一船一船ごとに別々に乗りこんで改革を行う作業が始まることとなった。

特殊法人の独立行政法人化への布石

基本法が成立した翌一九九九年の春、国会の各議員事務所に、一群の法案が手押し車で運ばれた。法案を床から一冊、二冊と平積みをすると腰の高さに及んだ。それは、基本法を具体化するための

「中央省庁等改革のための国の行政組織関係法律の整備等に関する法律案」など一七本の法案[*5]である。

これらは、衆議院では「行政改革に関する特別委員会」で一九九九年五月二五日から、参議院では「行財政改革・税制等に関する特別委員会」で六月一五日から審議され、延長国会の中で押し流されるように成立した。その中に「独立行政法人通則法案[*6]」も含まれ、新府省の設置と同時に、特殊法人から独立行政法人への看板の掛け替えの準備が進んでいた。

整理合理化による審議会の合体

基本法は、「審議会等の整理及び合理化」（第三十条）も求めていた。これについては、国会が「審議会法」を準備すべきところだったが、行政の主導で閣議決定の形をとった。「審議会等の整理合理化に関する基本的計画[*7]」（一九九九年四月二七日）がそれである。

この中で、「審議会等については、いわゆる隠れみのになっているのではとの批判を招いたり、縦割り行政を助長しているなどの弊害」があるとの課題が示された。しかし、具体的な解決策として示された四つの指針を組み合わせると、現状維持が可能な内容となっていた。

一つ目の「設置に関する指針」は、できるだけ審議会を設置せずに国民の意見を直接聞くことを求めている。「国民や有識者の意見を聴くに当たっては、可能な限り、意見提出手続の活用、公聴会や聴聞の活用、関係団体の意見の聴取等によることとし、いたずらに審議会等を設置することを避けることとする」と記されている。ところが、二つ目の「組織に関する指針」は、審議会の下に下部組織を設置してよいとした。三つ目の「運営に関する指針」では、官僚ＯＢの委員就任を「厳に抑制する」規定のほか、利害関係のある委員を任命する時は、一方の利害代表者が総員の半数を超えないこと、議事または議事録を原則公開とすることなどを求める規定を設けた。四つ目の「懇談会等行政運営上の会合の開催に関する指針」は、「審議会」の名がついていない同種の会議に対しても、審議会に準ずる扱いを求めた。

この閣議決定を水資源開発促進法に当てはめるとこうなる。

水資源開発促進法では、もともと、水資源開発基本計画（フルプラン）を策定する時には国土庁の「水資源開発審議会」の意見を聴いて作ることになっていた。「審議会等の設置に関する指針」にしたがうなら、審議会を廃止し、国民の意見を直接聴く手続に代えることになる。

しかし実際には、「水資源開発審議会」の廃止と同時に、国土交通省設置法第七条で新設した「国土審議会」を代わりに位置づけた。

「国土審議会」は、水資源開発促進法のほか、多くの開発法（国土形成計画法、国土利用計画法、首都圏整備法、近畿圏整備法、中部圏開発整備法、北海道開発法）における計画策定時のご意見番として設置されていた別々の審議会を一本にまとめたものになった。

つまり、審議会の数は一挙に減り、これで一つ目のできるだけ審議会を設置しない指針をクリア、しかし、二つ目の指針を活用して、国土審議会の下に「水資源開発分科会」を設けた。ほかの旧審議会も同様だ。国民の意見を直接聴く手続のほうは採用されなかった。

中央省庁に二一〇あった審議会の数はこうして半分以下の九〇に減ったが、分科会が増えただけで、政策決定のプロセスは変わらずに終わった。

費用便益分析の導入

中央省庁改革とほぼ並行して起きていたのが、公共事業批判である。批判の矢面に立っていたのは、農林水産省と建設省（現・国土交通省）である。

一九九五年五月、長良川河口堰の運用中止を決断できなかった野坂浩賢・建設大臣は、今後は大規模な公共事業の「計画の当初からより透明性と客観性のあるシステムをつくる必要がある」と明言した。これを受ける形で、建設省は一九九五年七月、反対運動が激しいダム計画を中心に、「評価システムの試行」として、一一のダム等事業審議委員会の設置を決めた。

地域住民の意見を取り入れて「中止」「変更」「実施」を判断すると通達されたが、現場では地域住民とは、「知事」「市町村長」「議会議長」のことであると解釈された。委員を知事推薦で選ぶ規定もあったが、知事たちはダム建設を推進する立場の者を選び、推進派が多数となる結果に終わった。透明性が謳われたにもかかわらず、非公開で議事録すら作成しない例も表れ、さらなる厳しい批判が繰り広げられた。

時の橋本龍太郎・内閣総理大臣は、ダムだけではなく、大規模公共事業についての事業評価（事業採択段階と事業途中）の試行を開始するよう指示し、一九九七年には試行を本格化させることにした。北海道開発庁、沖縄開発庁、国土庁、農林水産省、運輸省、建設省の公共事業関係六大臣に対し、公共事業の再評価システム導入と、事業採択段階における費用対効果分析の活用を指示した。

この指示を受けたのは六省庁の官僚トップである事務次官だった。次官らは「公共事業の実施に関する連絡会議」を開き、一九九八年度から費用対効果分析を導入することに決めた。第二章で触れたような「費用便益分析」の計算方法が編み出されていくことになった。

政策評価法で自己評価

改革メニューとしての基本法は「政策評価機能の充実強化を図るための措置」（二十九条）も求めていた。その措置は二〇〇一年に「行政機関が行う政策の評価に関する法律」（以後、政策評価法）として成立したが、その前触れは前年に起きた。与党三党（当時は自民党、自由党、公明党）が示した基準で一二九の公共事業を中止したことと、「行政改革大綱」[*8]（二〇〇〇年一二月一日）の閣議決定で政策評価法の制定を求めたことである。

政策評価法[*9]がこれまでの会計検査や行政監察による事業見直しや政治主導による公共事業の見直しと大きく違うのは、評価方法を行政自らが決められることである。その第三条には、「その政策効果を把握し（略）必要な観点から、自ら評価する」とある。また、「政策の特性に応じて学識経験を有する者の知見の活用を図る」ことを定めている。

つまり政治主導の改革を避けて、自己評価の方法を自ら定めて、従前通りの審議会形式で改革していくことを選択した形だ。先述した「審議会等の整理合理化に関する基本的計画」で求められた、国民の意見を直接聴く手続は取り入れていない。

まったくの部外者による評価を免れて、自己評価の土俵に第三者を参加させるやり方は、政権交代後も行われており、お決まりのパターンのようでもある（七二頁、コラム1参照）。

〝水資源開発促進法を廃止することは考えていない〟

特殊法人改革については、二〇〇一年六月の特殊法人等改革基本法で具現化された。原則として特殊法人は「廃止」が謳われ、廃止できないものは「民営化」、民営化にふさわしくないものは「独立行政法人」へ移行するという落としどころが用意されていた。

先述した「行政改革大綱」に基づき、二〇〇一年度中に改革の方向性が出ることがわかっていたが、水資源開発公団については、その半年も前からそのもととなる水資源開発政策を転換する意図がなかったことが、質問主意書への政府答弁で明らかになっていた。『「水余り」と「水資源開発促進法」および「水資源開発公団」に関する質問主意書』[*10]とそれに対する小泉純一郎・内閣総理大臣名の答弁での次のような質疑である。

・長良川河口堰などの完成時にすでに受益者が消滅している点をあげ、水資源開発促進法が想定した「広域的に用水対策が緊急」の必要性がなくなったのではないかとの質問に、「水道用水、工業用水及び農業用水の安定的な供給を図ることは、緊急かつ重要な課題」と答弁した。

・緊急と言いながら、すべての水系で二〇〇一年度から始まるはずのフルプランが未改訂・未決定である理由は何かとの質問に、「調整等の作業を行っているが、これに時間を要している」と答弁した。

・新たな需要が減り、緊急な供給不足も認められないのではないかとの質問に、「水道用水、工業用水及び農業用水の安定的な供給を図るために、広域的な用水対策を緊急に実施する必要」があると再び繰り返した。

・新たなフルプランを緊急に定めなくてもよいのであれば、もはや「広域的な用水対策を緊急に実施」する必要があるとはいえず、法律自体の必要性がなくなったのではないかとの質問には、「なお広域的な用水対策を緊急に実施する必要があり、水資源開発促進法を廃止することは考えていない」と答弁した。

この質問主意書で「緊急に実施する必要」があると三度答えた七水系のフルプランのうち、五水系は二〇〇七〜二〇〇八年に改訂された。しかし吉野川水系と筑後川水系に至っては、それぞれ二〇〇二年と二〇〇五年で計画期限が切れたままだった。

二〇〇八年一月、計画不在のまま事業が進むことは違法ではないかとの筆者の取材に対して、国土交通省水資源政策課（当時）の担当者は、「おっしゃる通りよろしくない」と認め、原因は、長期の需要見こみを出すことになっている「受益者（自治体）が（需要見こみを）出してこなかった」ことにあると責任を自治体にかぶせてきた。そこで、自治体の側で需要に緊急性がなくなったので出さなくなったのではないかと問うと、今度は「指定水系が一杯あるので一個一個、片付けていたところだ」と、答えを国側の責任にすり替えた。この法律の根幹である緊急性と必要性は責任のすり替えによってしか成り立たないのである。

コラム１

他者評価（事業仕分け）から自己評価（行政事業レビュー）へ

二〇〇九年に行政刷新会議によって導入された事業仕分けは、民間のシンクタンク「構想日本」（代表、加藤秀樹）が自治体で実績を上げていた方法を参考にして、民間から起用した仕分け人によって行われたものだ。

第一弾（二〇〇九年秋）は「事業」、第二弾（二〇一〇年春）は「特殊法人」と「公益法人」の事業、第三弾（二〇一〇年秋）は「特別会計」によって行われる事業が仕分けの対象となった。

護送船団のパーツ解体型で、一網打尽型の政策転換の手法ではなかったが、外部人材が公開の場で議論するという意味では、会計検査や旧行政監察の改良型で、まったくの部外者による評価だった。

ところが、第三弾目の後半から始まった「行政事業レビュー」は、各府省の副大臣や職員で構成する「予算監視効率化チーム」を中心に「自らの事業を点検」するというものだった。政策評価法ができたパターンと似た、自己評価への回帰だ。

二〇一一年秋には「政策型提言仕分け」も行われたが、たとえば、ダム開発を含む公共事業についての結論は、「現状では持続可能性がない。新規投資は厳しく抑制していき、選択と集中の考え方をより厳格に進めるべき」などの一般論で終わった。

一方で国土交通省は、それに先駆けて、二〇一一年七月に局の再編をしたばかりだった。

政治主導で政策が仕分けられる直前に、国土交通省組織令の一部改正、つまり国土交通省内部で独自に「省内横断的な体制の確立や関連する行政の一元化」を名目にして行ったものだった。これにより「水資源開発促進法」の所管部署にも変化が起きた。

改正前は、「土地・水資源局水資源部」の所管だった。中央省庁再編の際、「国土庁」が国土交通省に統合された時に、「河川局」とは別に設置されたものだ。水資源機構の監督以外に仕事がないために「霞ケ関の盲腸」と揶揄されていた。

本来は水資源開発促進法とともに部署ごと廃止されても不思議ではないタイミングで、河川局と統合する形で「水管理・国土保全局」が作られ、その下にできた「水資源部」で所管されることになった。これにより「政策型提言仕分け」が始まる前に、廃止を免れる道筋ができた形だ。これも自己評価を行うことで第三者の介入と抜本改革を逃れるパターンの一つであると考えられる。

特殊法人から独立行政法人への看板の書き換え

二〇〇〇〜二〇〇一年は、第二章にも示したように、行政監察局・行政評価局からも、「水の使用量は横ばい傾向」と指摘されていた時期だった。しかし、法律が役割を終えたとは見なされず、水資源開発促進法の廃止の絶好の機会は見過ごされた。

二〇〇一年一二月、一六三の特殊法人などを対象にした「特殊法人等整理合理化計画」が閣議決定され、この中で、特殊法人水資源開発公団は廃止を免れ、独立行政法人とするとされた。その際、講ずべき措置が次のように定められた。

・水需要の伸び悩み等を踏まえ、新規の開発事業は行わない。新規利水の見こみが明確でなければ実施計画調査中の事業を中止し、実施中の事業はその規模を縮小する。

・フルプランについては（略）計画と実績が乖離している場合には要因を含めて情報公開する。また計画と実績とが乖離した場合には、計画を見直すことをルール化する。

・コスト意識を高めるために、新たに利水者が負担金を前払いする方式を導入する。

しかし、これによって新規計画もないのに組織は独立行政法人化されて安泰、計画と実績が乖離していても情報公開をすればいいということになってしまった。計画の見直しは行われず利水者の負担金の前払い方式は導入されていない。

こうして独立行政法人化されることになった特殊法人は全七七にのぼり、そのうち四六法人の新たな根拠法は、二〇〇二年の秋の臨時国会の「特殊法人等改革に関する特別委員会」で一気に処理された。

四六の独立行政法人の審議にかけた日数は衆議院では計六日間で、そのうち、「独立行政法人水資源機構法」など国土交通省所管の九法人の法案の審議日程はたった一日（二〇〇二年一一月一四日）だった。少数会派の質問持ち時間に至っては二五分で、全法人で割れば一法人三分間というずさんな審議だった[*11]。参議院も同様で国土交通委員会における二日間（一二月五日、一〇日）の審議で終わった。国会による行政改革機能は、特殊法人改革に関しては作動しなかったも同然だった。政策転換を成し遂げる場は国会でしかない。しかし、そこにはその場を機能させようとする意思の不在という高いハードルが存在する。

国会議事録に刻まれた外れた未来予想図

ただし、衆議院ではたった一日の審議日程の中でも水資源開発促進法については質疑が行われた。「ダムの建設が中止できない理由の一つに、水資源開発促進法の存在がある[*12]」と、水資源開発公団が進めてきた事業への疑問を呈したものだ。木曽川水系のフルプランで位置づけられた開発水量は、実際の需要を大幅に上回っているのになぜ徳山ダムが必要かとの問いで、質問はこう続いた。

「この法律の中で、広域的な用水対策を緊急に実施する必要があるとき、国土審議会の意見を聞いて、水資源開発水系を国土交通大臣が指定をし、フルプランを立て、それに基づいて公団、そして改正されれば機構がダム建設を続けていくことになっています。しかし、広域的に緊急に水が必要な時代というものはもう過ぎてしまっていると思います。経済産業省が所管をしております工業用水に関しては、長良川河口堰では一滴も使われていないという実態にあります。工業用水を所管する経済産業大臣の御見解をお聞きしたいと思います」

そして、これらの問いに、関係大臣がそれぞれ次のように答えている。

扇千景・国土交通大臣（当時）は、「徳山ダムの利水者である岐阜県、愛知県、名古屋市では、徳山ダムによる水資源の確保を前提に水道用水あるいは工業用水等の将来計画を立てて、徳山ダムが利水上も必要不可欠であるという地元の御要請と結果が出ております」。

平沼赳夫・経済産業大臣（当時）は、「これまでのところ、御指摘のように未利用でございます。平成十年に策定された第七次愛知県地方計画等によれば、中部国際空港の開港がございます。また、高速交通網の整備等による企業立地に伴う工業用水需要量の増加、現在は地下水から取水をしておりますす用水の工業用水への転換等の理由から、中部圏地域の将来の発展に必要とされているものでございまして、当省といたしましては、将来の工業用水需要の水源を確保していくことは地域の発展と健全な経済活動の確保の観点から必要」。

それぞれの答弁で描かれた予想図がその後どうなったかの現状の詳細は第五章で触れるが、結論を先に言えば、これらの大臣たちが描いた未来は、一〇年経ってもこなかったのである。重要な転換期に行政機関の長が決断力を持ちえないことは、改革における最大のハードルである。

独立行政法人整理合理化計画

この時の審議では、石原伸晃・行政改革担当大臣（当時）から、「独法という新しい組織形態は、三年から五年に、事業がやはり適切でなければ組織の廃止も含めて見直す」との答弁もあり、その機会は六年後に訪れた。

骨太の骨子と呼ばれるようになった「経済財政改革の基本方針二〇〇七」（六月一九日閣議決定）で、一〇一の独立行政法人の見直しを行うことが求められた。その任を負うことになったのが「行政減量・効率化有識者会議」で、同年八月に基本方針が、そしてそれに基づいた「独立行政法人整理合理化計画」が二〇〇七年一二月二四日に閣議決定された。

これにより、緑資源機構など六法人が廃止・統合・民営化されたが、水資源機構については、業務の見直しについて講ずべき措置を取るだけで終わった。そして、この「措置」を逆手に取って後に業務を肥大化させていくが、これは第六章で後述する。

「水の供給量を増大させない」と条件のついた設置法

ここでは、二〇〇二年、独立行政法人への移行で何が変わり、何が変わらなかったかを明らかにしておきたい。

独立行政法人に移行した水資源開発公団法の目的（第一条）は、「水資源開発促進法の規定による水資源開発基本計画に基づく水資源の開発又は利用のための事業」とされていた。独立行政法人水資源機構法でも同様の目的が定められた。ただし、「ダム、河口堰、湖沼水位調節施設」などの新築については「水の供給量を増大させないものに限る」とただし書きがついた。

「水の供給量を増大させない」組織とするのであれば、「水資源開発促進法」の使命も終わったと考えるべきところだが、じつは、そうなりにくい仕掛けが一九九九年に組みこまれていた。

「建設省設置法」にはなかった文言が、中央省庁再編でできた「国土交通省設置法」（一九九九年）の中で加わっていた。「建設省設置法」では水源開発についての仕事は「水資源開発公団の業務の監督その他」（第三条二四項）であり、水資源開発公団の委託に基づき、「建設工事、建設工事の設計、建設工事の工事管理、土地の測量、地図の調製及び測量用写真の撮影並びに建設工事用機械の修理及び運転を行うこと」（同条五八項）と書かれていた。第一章で書いたように、他省とのなわ張り争いの中で、水資源開発公団における建設省の役割はダム建設の実務に限定されていた。

ところが、「国土交通省設置法」では、「水資源開発基本計画その他の水の需給に関する総合的かつ基本的な政策の企画及び立案並びに推進」（第四条三十五項）が加わった。合体前の国土庁設置法にでさえ、「長期的な水の需給」と漠然としか書かれていなかった。しかし、中央省庁再編のドサクサの最中、新しくできた国土交通省の所掌事務として、実績との乖離を勧告され続けた「水資源開発基本計画」の立案などが埋めこまれ、より強固な体制ができ上がっていたことになる。改革が大がかりであればあるほど、立法府の目は届かず、各省が抵抗のハードルを合法的に立てるのは簡単なのである。

第四章　ピラミッドの解体

二〇一〇年六月末に解散した公益法人がある。㈶水資源協会だ。

解散の間際になり、衆参両院の国会審議で話題に上った。

参議院で取り上げられたのは早とちりによるものだ。二〇一〇年四月一九日の参議院決算委員会で、山下栄一（公明党）議員が、独立行政法人水資源機構が費やした法定では認められていない福利厚生費[*1]について質問した際、まぎらわしい名称であるためか、前原誠司・国土交通大臣（当時）が「『水資源機構』におきましては、六月末をもって解散をする」と答弁してしまった。[*2]実際に解散するのは㈶水資源協会のほうだった。

衆議院では二〇一〇年五月一七日の衆議院決算行政監視委員会で取り沙汰された。「先般、週刊誌で、元建設省の技監を経験された方が、天下り生活十六年も含めた生涯賃金でいうと八億円ももらっている。（略）天下りがなぜ問題かというと、やはりその突出した待遇、そして、どうも不透明な補助金とセットでの因果関係がある」と秋葉賢也（自由民主党）議員が取り上げると、長安豊・国土交通大臣政務官が、その元技監について「九三年の四月に国土交通省を退職したわけでございます。その後に、記事にございますとおり、水資源機構の理事長、東北電力株式会社常任顧問、さらには財団法人水資源協会理事長の職にあったことは事実でございます」と答弁した。

しかしこの公益法人の問題は、補助金とセットの天下りやその莫大な生涯賃金にとどまらなかった。

この技監が去来した「㈶水資源協会」は単なる天下り公益法人ではなかった。この技監が審議会委員として霞ヶ関の古巣に舞い戻り、政策や事業の決定プロセスで重大な役割を担う装置の象徴だったのである。

元技監による新法の運用

公益法人への天下りが政策や事業の決定プロセスで重大な役割を担う装置であることの例をあげておこう。国土交通省が所管するすべてのダム事業は、河川法[*3]に基づく位置づけが必要である。位置づけ方は二段階ある。一段階目は、約一〇〇年の川づくりの方針である「河川整備基本方針」で洪水調整施設等として大括りに位置づけられる。二段階目は、二〇～三〇年で達成する「河川整備計画」として、具体的なダム事業名が記載される。

これらは、かつては建設省が河川審議会に密室で審議させて決めていた「工事実施基本計画」(ダム事業の根拠)に代わって、一九九七年の改正河川法で新たに設けられた手続だ。

「河川整備基本方針」には河川審議会（一九九七年当時）の意見を聴く手続が含まれ、「河川整備計画」には関係住民の意見を反映させる措置が盛りこまれていた。

後者は第三章で紹介したような、できるだけ審議会を設置せず、直接国民の意見を聴くことを求めた閣議決定「審議会等の整理合理化に関する基本的計画」（一九九九年）を一部先取りした形ではあった。住民参加をもとにダム事業が見直される可能性もゼロではなかった。

ところが、改正法の施行後も、経過措置によって旧法に基づく古いダム計画がそのまま踏襲され始めた。新法による手続を行わないまま、河川法改正の二年後に行われた審議会改革で審議会の名前だけが変わった。

水資源開発促進法に位置づけられた水資源開発審議会が、国土審議会に一括りにされたのと同様、河川審議会は、社会資本整備審議会[*4]に一括りにされた。その下に「河川分科会」が設けられ、さらに法律の隙間を埋めるように国土交通省で独自に作った「社会資本整備審議会河川分科会運営規則」で、河川分科会長が小委員会を設置できることにした。そこで河川法改正後四年にして初めて「河川整備基本方針検討小委員会」が設けられて、親会の名前を頭につけた長い名前の「社会資本整備審議会河川分科会河川整備基本方針検討小委員会（以下、小委員会）」が実質の審議会として機能することとなった。小委員会の決定が、親会の決定、それがイコール大臣決定となる。

この小委員会の委員長に就任したのが、冒頭で登場した「技監」であり、就任時の肩書きは、特殊法人水資源開発公団の総裁だった。

この技監は、長良川河口堰の必要性が疑問視され始めた時代には河川局長であり、一九九二年五月参議院決算委員会の議事録には、「長良川河口堰は（略）、中部圏の将来の発展に必要な水資源を確保するための不可欠な施設」であると答弁をしたことが刻まれている。その後、技監に上りつめて退職し、自ら推進をした長良川河口堰の事業主体である水資源開発公団の総裁として天下った。

その長良川河口堰を機に河川法が改正されたにもかかわらず、その新法の運用を実質小委員会で任されたのが、公団総裁となった元技監だった。

七水系におけるダム建設を水資源開発促進法にのっとった計画に沿って遂行する実行部隊である水資源開発公団の総裁が、ダム事業を含めた一〇〇年の方針を、後輩である国土交通省河川局（当時）が準備した資料をもとに決定づける場を仕切る小委員会の誕生である。

二〇〇一年を通じて行われた特殊法人改革を乗り切り、小委員会での肩書きが公団総裁から初代の㈱水資源機構理事長に変わったのは第七回会議（二〇〇三年一一月）、天下りから渡りを続け、委員長の肩書きが㈶水資源協会理事長に変わったのは第一三回会議（二〇〇四年八月）だった。その間に東北電力㈱常任顧問も務めていたことになる。

政策形成過程にそびえるピラミッド

この小委員会には、元技監だけではなく、特殊法人水資源開発公団の設立当初から「なわ張り争

図表４−１　社会資本整備審議会河川分科会河川整備基本方針検討小委員会のうち官僚OB委員（抜粋）

委員名簿に記載された当時の肩書き	元職など
㈶水資源協会理事長	元建設省河川局長／元建設省技監／元水資源開発公団総裁／元水資源機構理事長／元東北電力㈱常任顧問（その後、㈳日本河川協会会長／㈶土木学会会長）
㈶林業土木コンサルタンツ顧問	元北海道営林局長
㈶国際緑化推進センター理事長	元林野庁長官／元森林開発公団理事長
㈳地域資源循環技術センター理事長	元農林水産省構造改善局次長
㈳日本水道工業団体連合会専務理事	元厚生省生活衛生局水道環境部長
㈶日本農業土木総合研究所理事長	元農林水産省構造改善局次長
㈶産業廃棄物処理事業振興財団専務理事	元厚生省生活衛生局水道環境部長／元国立環境研究所理事

出典：社会資本整備審議会河川分科会河川整備基本方針検討小委員会名簿（利根川水系が議題となった2005年12月19日現在）より作成

い」をした他省の官僚ＯＢも、それぞれの所管法人役員の肩書きで名を連ねていた（図表４−１）。各役所で頂点をきわめた官僚たちが、公益法人に用意されたＯＢ席を温めながら、事実上、税の使い道を左右できる審議の場に舞い戻っていた。

これこそが、「審議会等の整理合理化に関する基本的計画」（一九九九年閣議決定）の運営指針で、官僚ＯＢの委員就任を「厳に抑制する」とした理由である。

この問題は、「河川整備基本方針及び河川整備計画の策定に関する質問主意書」[*5]で「明白な閣議決定違反である」と問われることとなった。ところが、当時の安倍晋三・内閣総理大臣名で行われた二〇〇七年六月二二日の答弁では、「社会資本整備審議会河川分科会運営規則第一条に基づき、河川分科会長が設置したものであることから、審議会等には該当せず、したがって、小委員会には、運営指針は適用されない」とされ、その間、次々と旧法に基づく古いダム計画が踏襲されるに至った。

この旧体制に終止符が打たれたのは、二〇〇七年一〇月一八日の衆議院総務委員会での大臣答弁である。審議会の閣議決定が及ぶ範囲を尋ねられた増田寛也・総務大臣が、「閣議決定して審議会のあり方をきちんと正していこうということでありますので、その審議会、中にいろいろ、部会なり分科会とかいろいろあるんでしょうけれども、それの全体を通してその趣旨が徹底される、守られていく、こういうことであろうと思っております」と答弁した。審議会の所轄大臣が、国土交通省見解を覆したのである。

二〇〇七年一〇月二九日、衆議院議員会館で開催された公開集会[*6]でも六月の強弁が河川局官僚によって繰り返されたため、政府答弁について筆者が指摘したところ、二〇〇七年一〇月三日まで委員長を務めていた元技監は忽然と小委員会から去り、翌日一〇月三〇日の小委員会で、なんの説明もなく、官僚ＯＢではない大学教授が委員長に就任した。

これで問題は解決したのかと言えば、そう単純ではない。

閣議決定違反と判明した手続はやりなおされなかった。また、元技監は小委員会の任を離れた後、(公社)日本河川協会に会長として渡り、二〇〇九年には(公社)土木学会会長に転身した。この人物が去った水資源機構理事長席は、国土交通省事務次官を退官後、㈶国土技術研究センター顧問だった者に継がれ、この人物もその後、(公社)日本河川協会理事に就任した。その後釜の水資源機構の現理事長もまた、河川局長、国土交通省技監を歴任した人物である。水資源機構のポストと事業は脈々と受け継がれている。

行政と学界はシームレスとなり、天下りと渡りポストが脈々と受け継がれる体制はなんら変わらなかった。その実態がどのような問題を孕むか、順を追って書いていく。

収入を国にたよる公益法人

審議会は常に、公益法人への天下り問題と結びついて批判が行われてきた。だからこそ「審議会改革」そのものよりも早く着手されたのが、一九九六年に作られた「公益法人の設立許可及び指導監督基準の運用指針」だった。「公益法人等の指導監督等に関する関係閣僚会議幹事会」が申し合わせた指針である。官僚OBが公益法人の理事の多数を占めることによって官庁と一体で活動し、実質的な行政機関として機能するおそれがあるとして、所管官庁のOBが占める割合は、理事の三分の一以下と制限した。官僚OBが暗躍する「ポスト」を抑制する規定である。

しかし、役員ポストの制限では目的は達成されなかった。そのことは、二〇一〇年五月二一日に行われた「公益法人」の事業仕分けで取り上げられた二法人の例でも明らかになった。

㈶ダム水源地環境整備センターは役員一五人中五人が官僚OBであり、指針はピッタリ守っていた。しかし、職員五三人中一三人も官僚OBがおり、一八人分の天下りの受け皿となっていた。（図表4―2はその仕分け後の役員名簿であり、役員数、天下り数ともに減っている。）

図表4-2　㈶ダム水源地環境整備センター役員名簿（任期2013年6月30日まで）

理事長	渡邉和足	元国土交通省河川局長
理事（常勤）	山口智	元国土交通大臣官房付
	棚橋通雄	元国土交通省土地・水資源局水資源部長
理事（非常勤）	赤井憲彦	（一社）ダム水源地土砂対策技術研究会会長
	浅枝　隆	国立大学法人埼玉大学大学院教授
	谷　福丸	（公社）国土緑化推進機構副理事長（元衆議院事務総長）
	谷田一三	公立大学法人大阪府立大学大学院教授
	丹保憲仁	国立大学法人北海道大学名誉教授
	中村満義	㈶日本ダム協会会長
	福田直利	電源開発㈱執行役員
	道上正規	国立大学法人鳥取大学名誉教授
監事（非常勤）	望月常好	（公社）日本河川協会専務理事（元国土交通省国土技術政策総合研究所長）
	柳沼　勉	㈱みずほ銀行新橋第二部副部長

出典：（財）ダム水源地環境整備センターウェブサイトより。（グレーの部分は官僚OB）

㈶リバーフロント整備センター（仕分け後に（公財）リバーフロント研究所に改名・改組）は、役員一四人のうち三人、職員四一人中一二人、嘱託・非常勤職員の三人中三人が官僚OBで、こちらも指針は守るが一八人分の天下り席を確保していた。

これらの法人が、官僚OBを食べさせるのに十分な事業を国から受注してきたことは受注データが物語っていた。前者は二〇〇七年には収入三二・四億円のうち二九・六億円が国と独立行政法人からの受注で、九一・三パーセントも依存していることが露わになった。二〇〇九年には収入は二〇・九億円に減少したが、依存度は七六・六パーセントに高止まりして一六億円を依存している。㈶リバーフロント整備センターも、二〇〇七年の七八・四パーセント（二二・七億円中一七・八億円）よりも減らしたが、二〇〇九年に四四・八パーセント（一七・二億円中七・七億円）の依存率である。

学識経験者を隠れみのにする公益法人

こうした構造を批判されてきた公益法人では、かつては役員の大多数を占めていた官僚ＯＢの穴を、学識経験者が埋める形で理事に数多く就任するようになった。そこでは、新たな問題が起きている。収入を国や独立行政法人にたより、受注事業者であるという点で、民間企業となんら変わらない「公益法人」の役員席に座っている学識経験者が、その身分や待遇が公表・公開されることなく、「中立な専門家」として審議会で政策決定に関与していることである。

たとえば、八ッ場ダム関連事業を受注する天下り公益法人で㈶ダム水源地環境整備センター（図表4-2）に次いで受注額の大きな㈶ダム技術センター（図表4-3）の例を見てみよう。

浅枝隆・国立大学法人埼玉大学大学院教授は、八ッ場ダムなどを含めた議論が行われる「利根川・江戸川有識者会議」（二〇〇六年一二月）で起用され、谷田一三・公立大学法人大阪府立大学大学院教授は、先述した河川整備基本方針検討小委員会で淀川水系を審議（二〇〇七年）する時の委員として起用された。道上正規・国立大学法人鳥取大学名誉教授および中川博次・京都大学名誉教授は、序章で触れた「今後の治水対策のあり方に関する有識者会議」（二〇〇九年一二月〜）の委員である。

図表４-３　㈶ダム技術センターにおける学識経験者（2012年７月現在）

理事長	大町達夫	東京工業大学名誉教授
副理事長	柳川城二	元国土交通省北陸地方整備局長
理事	福田　保	元大阪府都市整備部長
理事・ダム技術研究所長	高須修二	元国土技術政策総合研究所研究総務官　兼総合技術政策研究センター長
理事（非常勤）	魚本健人	㈱土木研究所理事長
理事（非常勤）	若林治男	岩手県県土整備部長
理事（非常勤）	小口　浩	山口県土木建築部長
理事（非常勤）	増田博行	福岡県県土整備部長
監事（非常勤）	新　壽夫	弁護士
研究顧問	足立紀尚	京都大学名誉教授
	池田駿介	東京工業大学名誉教授
	入江洋樹	（一社）ダム工学会顧問
	太田秀樹	東京工業大学名誉教授
	岡村　甫	高知工科大学理事長
	小野紘一	京都大学名誉教授
	小島圭二	東京大学名誉教授
	阪田憲次	岡山大学名誉教授
	龍岡文夫	東京理科大学理工学部教授
	玉井信行	東京大学名誉教授
	田村重四郎	東京大学名誉教授
	徳山　明	元富士常葉大学学長
	中川博次	京都大学名誉教授
	長瀧重義	東京工業大学名誉教授
	濱口達男	（一社）日本大ダム会議副会長
嘱託研究員	足立英文	元大阪砕石最高顧問
	石川忠晴	東京工業大学大学院総合理工研究科教授

	裏戸　勉	松江工業高等専門学校名誉教授
	江崎一博	群馬大学名誉教授
	大西有三	京都大学大学院工学研究科教授
	小澤一雅	東京大学大学院工学系研究科教授
	笠原　篤	北海道工業大学社会基盤工学科教授
	河野広隆	京都大学大学院工学研究科教授
	草柳俊二	高知工科大学社会システム工学科教授
	小長井一男	東京大学生産技術研究所教授
	小柳　洽	岐阜大学名誉教授
	今田　徹	東京都立大学名誉教授
	鈴木徳行	名城大学名誉教授
	角　哲也	京都大学防災研究所水資源環境研究センター教授
	高橋　彌	元千葉工業大学教授
	千木良雅弘	京都大学防災研究所教授
	永山　功	元土木研究所水工研究グループ長
	藤田裕一郎	岐阜大学流域圏科学研究センター教授
	松尾直規	中部大学工学部都市建設工学科教授
	三池亮次	熊本大学名誉教授
	宮川豊章	京都大学大学院工学研究科教授
	吉中龍之進	埼玉大学名誉教授
	山崎つよし	元水資源開発公団ダム事業部機械課長

出典：㈶ダム技術センターウェブサイトより

中川博次・名誉教授はもう一つ別の組織、（一社）ダム・堰施設技術協会の理事長も務めている（図表4－4）。この組織の理事にはダム関連受注業者ばかりがひしめいており、ダムにたよらない治水を実現すれば同僚理事たちの仕事を奪うことになる関係を持つ。

また、池田駿介・東京工業大学名誉教授は、内閣府が所管する二一〇人構成の「日本学術会議」の「河川流出モデル・基本高水評価検討等分科会」メンバーで、同時期にコンサルティング企業である㈱建設技術研究所（東京都中央区）内に「池田研究室」をあてがわれていた。

この分科会は、八ッ場ダムの必要性の根拠で改ざんが疑われ、馬淵澄夫・国土交通大臣（当時）が洪水想定量の第三者検証を命じ、命ぜられた河川局長が委嘱した会議体である。

河川局長が日本学術会議会長あての委嘱文書で書いたように[*7]、「客観性と中立性の確保が不可欠」であることこそが、日本学術会議が委嘱された理由であった。ところが、㈱建設技術研究所は検証の対象である八ッ場ダムの洪水想定を行った事業者の一つでもあった[*8]。

二〇一一年五月、この事実を同名誉教授に確認すると、検証は「直接会社の事業と関係ない。洪水想定については会社でどういうことをやっているのか全然知らないし、事業事態を知らない」と説明した。一方で日本学術会議には土木分野の幹事は四人しかいないために相談を受けて、「河川流出モデル・基本高水評価検討等分科会」の人選を行った一人であること、また、自分は水文学の専門ではないために、検証の場では「専門的な発言は一切していないと思う」と日本学術会議における役割を明らかにした。

図表4-4　(一社)ダム・堰施設技術協会理事会名簿（2012年5月現在）

会　長	中川博次	非常勤	京都大学名誉教授（立命館大学理工学部客員教授）
副会長	楠見正之	非常勤	大成建設㈱土木本部土木技術部ダム技術室部長
副会長	三谷哲司	非常勤	㈱日立製作所インフラシステム社社会システム事業部長
専務理事	島岡　司	非常勤	㈱丸島アクアシステム代表取締役会長
理　事	徳山貴信	非常勤	㈱ IHI インフラシステム技術本部取締役本部長
	石垣和男	非常勤	㈱熊谷組専務執行役員土木事業本部長
	村田　正	非常勤	佐藤鉄工㈱代表取締役社長
	西田進一	非常勤	西田鉄工㈱代表取締役社長
	秋吉博之	非常勤	日本工営㈱執行役員電力事業本部副事業本部長
	金澤真一	非常勤	㈱間組代表取締役副社長
	坂井正裕	非常勤	日立造船㈱執行役員機械・インフラ本部／社会インフラ事業部長営業統括部長
	金谷俊宗	非常勤	豊国工業㈱代表取締役社長
監　事	上阪恒雄	非常勤	㈱建設技術研究所代表取締役副社長執行役員（元国土交通省土木研究所次長）
	向阪　敬	非常勤	日東河川工業㈱代表取締役社長

出典：(一社) ダム・堰施設技術協会ウェブサイトより

河川政策、個々の事業、政策転換を大きく左右する場面で、学識経験者は事業者ではなく「中立」な立場として起用され、物事は進んでいく。こうした法人の例は氷山の一角である。

民にゆだねる事業への天下り解禁

「ピラミッド」とは何かを改めて定義すると、関係省から特別の任務を独占的に担う特殊法人（独立行政法人）や事業者（公益法人や民間企業）に元職員を天下らせ、審議会に送りこんで政策を左右させ、その給与を賄うだけの政策（仕事・税金）を維持して、独占的に受注する仕組みである。一九九〇年代には、税金が一部の人間の間で環流しているとの批判が強まり、そのスキーム解体のために、多くの施策が敷かれてきた。

しかし、二〇〇〇年代には「民間が担うことができるものは民間にゆだねる」という表現が目立ち、改革の視点が変わってきた（九五頁、コラム2参照）。

視点が変わった結果、旧体制への回帰も起きている。「競争の導入による公共サービスの改革に関する法律（以下、公共サービス改革法）」第四十八条は、その一つであり、左記のように何度読んでも頭に入りにくいわかりにくい日本語で書かれている。

（競争の導入による公共サービスの改革を円滑に推進するための措置）第四十八条
公共サービス実施民間事業者が実施することとなる官民競争入札対象公共サービスの実施に従事していた職員を、定員の範囲内において、他の官職に任用することの促進その他の競争の導入による公共サービスの改革を円滑に推進するための措置を講ずるよう努めるものとする。

これは、民間が担うことができるものは民間にゆだねた結果、国の仕事が減れば、その仕事をやっていた職員は不要となるので、その処遇を定めた規定である。条文上は「定員の範囲内において、他の官職に任用する」とあるから、霞ヶ関内の異動を思い浮かべる。

ところが、よく読むと「他の官職に任用することの促進その他」の「その他」に意味があった。二〇〇六年四月一一日、国会における大臣答弁で、「その他」には「本人の同意のもとで、公務員を退職して、落札した企業に一定期間雇用され公共サービスに従事」することができるとの解釈がついた。[*9]つまり、公共サービスを民間企業にやらせることが決まったら、その担当官僚はいったん退職してその民間企業に天下り、また戻ってこられることを認めたものだ。[*10]民間企業への現役天下りの積極的な解禁である。

公益法人制度改革でも天下り解禁

じつはこの公共サービス改革法案は、公益法人制度の改革三法案などとともに五本まとめて審議されていた。民法で定めていた「社団法人」と「財団法人」を、「一般社団法人」か「一般財団法人」、または、それらが公益認定を受けて設立する「公益社団法人」「公益財団法人」の四形態に分ける法案だ。これらは、従来の公益法人は、公益性の判断基準が不明確であるにもかかわらず税制優遇があったなどの批判を受けての対策である。

ところが、この改革もまた、天下り解禁につながった。

このことに国会側が気づいたのは二〇〇八年だった。「公益法人における旧主務官庁出身理事数の見直しに関する質問主意書」[*11]で、理事に占める官僚ＯＢの数を三分の一以下とすることなどを定めた従来の指針は、「一般社団法人」「一般財団法人」「公益社団法人」「公益財団法人」に適用されるべきではないかとの質問に、政府は次のように答えたのである。

適用されない。新たな公益法人制度においては、法人の設立及び監督の在り方について抜本的に改められることから、御指摘のような措置を講じる考えはない。

これは改革して新たな体制を敷いた際に、旧体制化で敷いた改革策を移行させせないと、ピラミッド解体策もまた解体されていくという教訓である。「一般社団法人」「一般財団法人」「公益社団法人」

「公益財団法人」については、天下りに対する規制が皆無の状態となっている。

公共サービス改革法では、官民競争入札等管理委員会が設置されたが、この委員会の二〇〇九年五月の報告書でも、[*12]「公共サービスについての経験を有する公務員が、落札事業者の下で業務に従事することは、公共サービスの質の維持・向上に資する」と大臣の解釈を追認した。同委員会は官が行っ

コラム2

ピラミッド解体策の観点の推移

一九九六年「公益法人の設立許可及び指導監督基準の運用指針」

▼所管する官庁の出身者が公益法人の理事の多数を占めることにより、当該公益法人が所管する官庁と一体となって活動し、実質的な行政機関として機能するおそれがある。

一九九九年「審議会等の整理合理化に関する基本的計画」

▼審議会等については、いわゆる隠れみのになっているのではとの批判を招いたり、縦割り行政を助長しているなどの弊害を指摘されている。

二〇〇六年「競争の導入による公共サービスの改革に関する法律（公共サービス改革法）」

▼「国の行政機関等又は地方公共団体が自ら実施する公共サービスに関し、その実施を民間が担うことができるものは民間にゆだねる観点」（第一条）

図表４-５　水資源機構の水資源開発事業（2,409 億円）の支出先公益法人トップ 10

（単位：百万円）

順位	公益法人（208 者／8.5 億円中）	総契約額
1	㈶水資源協会	216
2	㈶愛知・豊川用水振興協会	130
3	（一財）日本気象協会	93
4	（一財）経済調査会	70
5	㈶ダム水源地環境整備センター	53
6	㈶琵琶湖・淀川水質保全機構	47
7	㈳淡水生物研究所	31
8	（一財）日本建設情報総合センター	25
9	（公社）福岡県公共嘱託登記土地家屋調査士協会	23
10	（一財）建設物価調査会	22

出典：2010 年度行政事業レビューシート「107. 水資源開発事業」より抜粋
http://www.mlit.go.jp/common/000123480.pdf

ている仕事の中に民間でできる仕事はないかという観点からの見直し（市場化テスト）を行っているが、それ以前に必要なのはその仕事が官民にかかわらず、必要かどうかの見きわめである。[*13]

二〇〇九年九月までに行った見直しで、水資源機構において遡上に上がったのは、第六章で詳述する「総合技術センター試験場」と、「鴻巣研修所」における業務だった。前者は二四一日分の「清掃業務」、後者は職員研修中の六五日間の「賄い業務」が見直しの遡上に上げられた。

しかし、そもそも水資源機構が独自に試験場を抱える意味があるか、独自の研修施設が必要かは問題とされていない。そして、見直しの結果、「既に一般競争入札」を行っているとして、今後は複数年契約の導入も検討するとの自己評

図表4-6　水資源機構の水資源開発事業（2,409億円）の支出先民間企業トップ10

（単位：百万円）

順位	民間企業（4,059者／474億円中）	総契約額
1	㈱アクアテルス	4,045
2	鹿島建設㈱	3,492
3	青木あすなろ建設㈱	2,167
4	東京電力㈱	1,786
5	㈱熊谷組	1,509
6	りんかい日産建設㈱	1,376
7	飛島建設㈱	1,148
8	㈱フジタ	980
9	日本無線㈱	854
10	九州電力㈱	662

出典：2010年度行政事業レビューシート「107. 水資源開発事業」より抜粋
http://www.mlit.go.jp/common/000123480.pdf

価で終わっている。

収入を国にたよる民間企業

税金の受け皿としての公益法人は、ピラミッドの一角でしかない。

二〇一〇年四月の行政事業レビュー（七二頁、コラム1参照）では、冒頭の水資源協会が水資源機構の支出先ナンバーワンの公益法人（図表4-5）であることが明白になった。しかし、その契約額で比べると、桁違いに民間企業（図表4-6）の受注額が大きい。

水資源機構が回している仕事で言えば、世の中には存在があまり知られていない㈱アクアテルス（本社：埼玉県さいたま市）が支出先の第一位である。水資源機構のファミリー企業ともいえる同社は、その前身である水資源開発公団職員が出資してできた子会社であり、役員八人中七人、社員五八九人中二三人が旧公団と水資源機構からの天下りで、業務の八四・九パーセントが水資源機構の委託事業であることが事業仕分けの質疑[*14]でも明らかだった。㈱アクアテルスはフルプランのある七水系に拠点を持ち、水資源開発促進法と水資源機構の存在なくしては成り立たない企業である。

裾野の広いピラミッドに退職後の生活を依存する官僚OB

このようにダム事業に収入を依存する官民の法人は、枚挙にいとまがない。利根川水系フルプランに位置づけのある八ッ場ダム事業（群馬県）を例にとれば、先述した㈶水資源協会、㈶ダム技術センター、㈶ダム水源地環境整備センター、のほかにも（一財）建設物価調査会、㈶国土技術研究センター、㈳関東建設弘済会などがある。民間企業にはさらに桁違いの税金が流される（図表4−7）。これは特定の水系やダム事業に限った話ではなく、淀川水系フルプランに位置づけのある川上ダム（三重県）その他でも同様である。官民の法人が川上ダム関連事業を受注し、そこには天下りが存在する（図表4−8）。このそれぞれにはさらに裾野の広い下請け・関連企業があり、こうした事業でそのピラミッドを維持することが「公共事業」と称されてきた。

図表4-7　八ッ場ダム関連事業の受注事業者の受注額（2001～2006年合計）および官僚OB数

落札業者	落札金額（円）	官僚OB数
日本振興㈱	1,220,600,000	2
池原工業㈱	1,108,000,000	1
㈶ダム水源地環境整備センター	977,014,500	3
㈳関東建設弘済会	917,667,450	2
池下工業㈱	750,000,000	1
林建設工業㈱	722,000,000	1
㈱建設技術研究所	459,000,000	1
小田急建設㈱	305,000,000	1
協和補償コンサルタント㈱	281,550,000	1
国土環境㈱	235,200,000	2
応用地質㈱	228,670,000	1
㈱建設環境研究所	208,565,000	1
八千代エンジニヤリング㈱	206,735,000	3
田中建設㈱	157,000,000	1
㈶ダム技術センター	139,230,000	2
日本工営㈱	124,400,000	1
㈱アクアテルス	110,300,000	5
サンコーコンサルタント㈱	89,000,000	1
東京コンサルタンツ㈱関東支店	78,435,000	1
㈱ヤマト	77,500,000	1
パシフィックコンサルタンツ㈱	67,280,000	1
いであ㈱東京支社	60,585,000	1
㈱オオバ	59,080,000	2
日本建設コンサルタント㈱	55,500,000	1
三井共同建設コンサルタント㈱	49,170,000	1
㈱協和コンサルタンツ	43,080,000	1
㈱長大	40,000,000	1
渡辺建設㈱	35,500,000	1
川崎地質㈱	34,000,000	2
㈱東京建設コンサルタント	32,470,000	2
㈱トデック	30,000,000	1
（一財）日本気象協会	29,400,000	9
住鉱コンサルタント㈱	29,000,000	1
中央コンサルタンツ㈱	29,000,000	1
㈱ニュージェック	28,500,000	4
㈶国土技術研究センター	25,725,000	6
㈱オリエンタルコンサルタンツ	25,675,000	1
開発コンサルタント㈱	22,800,000	2
富士通㈱	22,000,000	1
興亜開発㈱	18,000,000	2
技研測量設計㈱	17,000,000	1
復建調査設計㈱	13,500,000	2
八重洲コンサルタント㈱	10,000,000	1
中央開発㈱	8,200,000	1
日本技術開発㈱	5,500,000	1
㈱建成社	3,300,000	1
㈱テクノプラン	3,255,000	2
㈶建設物価調査会	54,300	2

出典：国土交通省から福山哲郎・参議院議員への提供資料より作成
（官僚OBが不在で受注額がより高い事業者もあるが、ここには掲載していない）

図表4-8　川上ダム関連事業の受注事業者の受注額（2001〜2006年合計）および官僚OB数

落札業者	落札金額（円）	官僚OB数
㈱アクアテルス	272,400,000	5
日本基礎技術㈱	146,500,000	1
㈱建設技術研究所	81,900,000	1
中央コンサルタンツ㈱	27,800,000	1
㈱建設環境研究所	19,400,000	1
㈳近畿建設協会	13,100,000	6
パシフィックコンサルタンツ㈱	12,000,000	1
八千代エンジニヤリング㈱	10,600,000	3
㈱ワールド	9,700,000	1
応用地質㈱	6,250,000	1
㈱ニュージェック	4,850,000	4
中央開発㈱	3,900,000	1
日本工営㈱	3,800,000	1
いであ㈱	3,800,000	1
三井共同建設コンサルタント㈱	2,300,000	1
㈶河川環境管理財団	2,100,000	6
朝日航洋㈱	1,900,000	1
国土環境㈱	1,850,000	2

出典：国土交通省から福山哲郎・参議院議員への提供資料より作成
（官僚OBが不在で受注額がより高い事業者もあるが、ここには掲載していない）

図表4-9　水門設備工事の入札参加業者による独占禁止法等違反

事業者	独占禁止法				入札談合等関与行為防止法
	第3条	第7条第2項	第7条の2第1項		
	違反事業者数	排除措置命令対象事業者数	課徴金納付命令対象事業者数	課徴金額（億円）	改善措置要求
国土交通省各地方整備局	14社	10社	9社	5.12	国土交通省
国土交通省各地方整備局	23社	15社	12社	4.14	国土交通省
水資源機構	13社	9社	6社	2.87	―
農林水産省各農政局	8社	8社	8社	4.59	―
合計	延べ58社	延べ42社	延べ35社	16.71	―
	（実数23社）	（実数15社）	（実数14社）		

出典：「国土交通省、㈱水資源機構及び農林水産省が発注する水門設備工事の入札参加業者らに対する排除措置命令、課徴金納付命令等について」（2007年3月8日公正取引委員会）より作成　http://www.jftc.go.jp/pressrelease/07.march/07030802.html

官僚OBによる官制談合

こうした中、官僚OBが談合とも深く結びついていることが決定的になったのは、二〇〇七年三月八日である。公正取引委員会は、国土交通省、水資源機構、農林水産省が水門設備工事の発注について、独占禁止法違反であるとして課徴金納付命令と排除措置命令を出し、入札談合等関与行為防止法に基づく改善措置要求を行った（図表4-9）。

水資源機構発注の水門工事については、二〇〇一年九月一日以降、その受注価格が下がることを防ぐために一三社が談合して受注者を決めていた。国土交通省官僚が、直接または退職者を通じて落札予定者を調整し、「世話役」（事業者）に伝える「官制談合」だった。

公正取引委員会は、この違法行為が、国土交通省と水資源開発公団の元職員によって、国土交通省が所管する公益法人に勤務している時期に行われていたと認定した。

違法行為が認定された退職者とは、旧建設省の元国土地理院院長、旧建設省の元技監、水資源開発公団の元常務参与、水資源開発公団の元理事、国土交通省総合政策局建設施工企画課の退職者、旧建設省の東北地方建設局道路部機械課の退職者とそうそうたるメンバーである。

水資源機構の発注事業について違反行為が認定された一三社とは、①石川島播磨重工業㈱、②日立造船㈱、③三井造船㈱、④川崎重工業㈱、⑤㈱丸島アクアシステム、⑥㈱栗本鐵工所、⑦佐世保重工業㈱、⑧佐藤鉄工㈱、⑨西田鉄工㈱、⑩三菱重工業㈱、⑪㈱酒井鉄工所、⑫㈱田原製作所、⑬ＪＦＥエンジニアリング㈱で、うち①〜⑨が排除措置命令を受けた。

新しいモデル

解体と巻き返しを繰り返すピラミッドには、公益法人から移行すれば天下り自在となる「一般社団法人」「一般財団法人」「公益社団法人」「公益財団法人」のほかにも、新たなる巻き返しモデルとなりそうな法人形態がある。特定非営利活動法人（ＮＰＯ法人）である。ＮＰＯ法人日本水フォーラム（会長、森喜朗・元内閣総理大臣）は、元河川局長の竹村公太郎・代表理事の尽力で設立された。代表理事は、（公財）リバーフロント研究所の代表理事との併任である。

図表 4-10　NPO 法人日本水フォーラムの評議員・役員

評議会メンバーの現職もしくは元職 (2011 年 5 月 31 日現在)	
会長	元内閣総理大臣
副会長	前日本放送協会副会長／ジャーナリスト
	日本労働組合総連合会（連合）会長
	地方独立行政法人北海道立総合研究機構理事長／北海道大学名誉教授
	（一社）日本経済団体連合会会長
	主婦連合会副会長
評議員	㈱水資源機構理事長
	㈶造水促進センター常務理事
	（公社）日本下水道協会理事長
	㈱電通代表取締役社長執行役員
	㈱建設技術研究所相談役／元世界水会議理事
	日本大学大学院グローバル・ビジネス研究科長
	（一財）新エネルギー財団副会長兼専務理事
	鹿島建設㈱代表取締役会長
	東京大学名誉教授
	㈱東京建設コンサルタント代表取締役社長
	㈱応用気象エンジニアリング顧問
	特定非営利活動法人 AM ネット理事／桂川流域ネットワーク代表
	プロクター・アンド・ギャンブル・ジャパン㈱代表取締役社長
	応用生態工学会会長／（公社）土木学会前会長
	（一社）日本水道工業団体連合会専務理事
	全日本自治団体労働組合（自治労）副中央執行委員長
	王子製紙㈱代表取締役会長
	大成機工㈱取締役海外事業本部担当
	（公財）世界自然保護基金ジャパン会長
	㈱博報堂代表取締役社長
	京都大学名誉教授／立命館大学理工学部客員教授
	（一社）日本能率協会理事長
	中村・水と農研究所代表
	日本労働組合総連合会（連合）事務局長
	東レ㈱代表取締役社長

役員メンバーの現職もしくは元職 (2012 年 4 月 1 日時点)	
代表理事	（公財）リバーフロント研究所理事長
理事	（一社）海外環境協力センター専務理事
	（一財）日本水土総合研究所総括技術監
	（一社）イクレイ日本事務局長
	（一社）日本下水道施設業協会専務理事
	（一財）砂防・地すべり技術センター専務理事
	㈱島津製作所地球環境管理室室長・工学博士
	日本科学技術ジャーナリスト会議事務局長
	京都大学防災研究所教授
	元滋賀県副知事
	東京大学大学院新領域創成科学研究科教授
	㈱ニュージェック副社長執行役員
	(公財)水道技術研究センター理事長
監事	八千代エンジニヤリング㈱専務取締役
	（公社）日本河川協会専務理事
会員数	個人会員：175 人 団体会員：101 団体

出典：NPO 法人日本水フォーラム組織概要より作成
http://www.waterforum.jp/jp/about_us/pages/index.php

評議員にも役員にも、竹村代表理事以外の歴代河川局長（冒頭の元技監も含む）のほか、他省の官僚ＯＢ、河川ムラ住人と揶揄されるおなじみの学識者もいる（図表4-10）。

会員にはゼネコンやコンサルティング会社のほか、㈱アクアテルスなど水資源機構のファミリー企業も含めて一〇一企業の団体会員が名を連ねている。事業仕分けで廃止されたスーパー堤防事業の中で唯一の残存事業のご当地である東京都江戸川区も会員である。

政策提言、草の根活動の支援、人材育成・啓蒙をその活動内容として、会費収入のほか、国土交通省など国からの受注事業がその活動財源だという。まぎれもなく官僚ＯＢと受注事業の新たな受け皿である。ピラミッドの解体策だけがスクラップ＆ビルドされ、ピラミッドは形を変えながら存続しているのである。

第五章　税金は海に流れ続ける

江戸時代から現在までに、全国で二八〇三基のダムが建設されてきた。[*1]

その中で最も論議を呼び、住民参加や環境保全の理念を取り入れた河川法に改正されるきっかけを作ったのが、木曽川水系フルプランに位置づけられ、水資源開発公団が進めた長良川河口堰である。

長良川河口堰は一九九五年に運用が開始されたが、必要性のない公金支出であると住民訴訟などで原告たちが警告した通りの現実が、今、起きている。[*2] これは全国でダム開発に浪費される支出をめぐって行われてきた住民訴訟の氷山の一角である。[*3]

使わない工業用水を海に流す長良川河口堰

長良川河口堰で開発された水利権は、今日に至るまで、最大でも供給能力の一六パーセントしか使われていない。愛知県や三重県が確保した水道用水は七割前後が売れ残り、名古屋市は一〇〇パーセ

図表5-1　長良川河口堰の水余り

長良川河口堰からの水供給	水道用水			工業用水		合計
供給先	愛知	名古屋	三重	愛知	三重	
供給能力（トン/秒）	8.32	2	2.84	2.93	6.41	22.5
供給実績（2009年最大）	2.86	0	0.732	0	0	3.592
余剰水（2009年最少）	5.46	2	2.1	2.93	6.41	18.9
余剰割合	65.6%	100%	73.9%	100%	100%	84%

出典：水資源機構中部支社総務課への聴取より作成

ント使っていない。工業用水は全部を合わせても一滴たりとも売れていない。開発した水利権二二・五トン／秒に対し、一八・九トン／秒（八四パーセント）以上の水が使われていない（図表5−1）。

無駄に八割以上の「水」が伊勢湾に流れているだけではない。国と地方の公金が利息をつけて流れていることになる。

次に、水資源開発公団の事業に不用意に参加した自治体が、どのような財政負担を抱えることになるのかを見てみることにする。

伊勢湾に流れる税金

第一章で、地方公共団体の独立行政法人水資源機構への支払いは、治水は着工した年から始まり、利水は完成後に水の利用者から水代金として回収して償還すると書いた。その負担割合は、国と地方公共団体が協議をして取り決める。

たとえば愛知県の場合、愛知県企業庁が水道用水と工業用水の水利権を水資源機構からまとめ買いする。企業庁は県内の水道事業者（広域水道や市町村水道など）や企業にそれを卸売りして、その水代金を水資源機構への償還にあてるのが当初の構想である（図表5−2上段）。

図表 5-2　利水の受益者から水資源機構に、完成後に始まる償還（イメージ）

（構想）

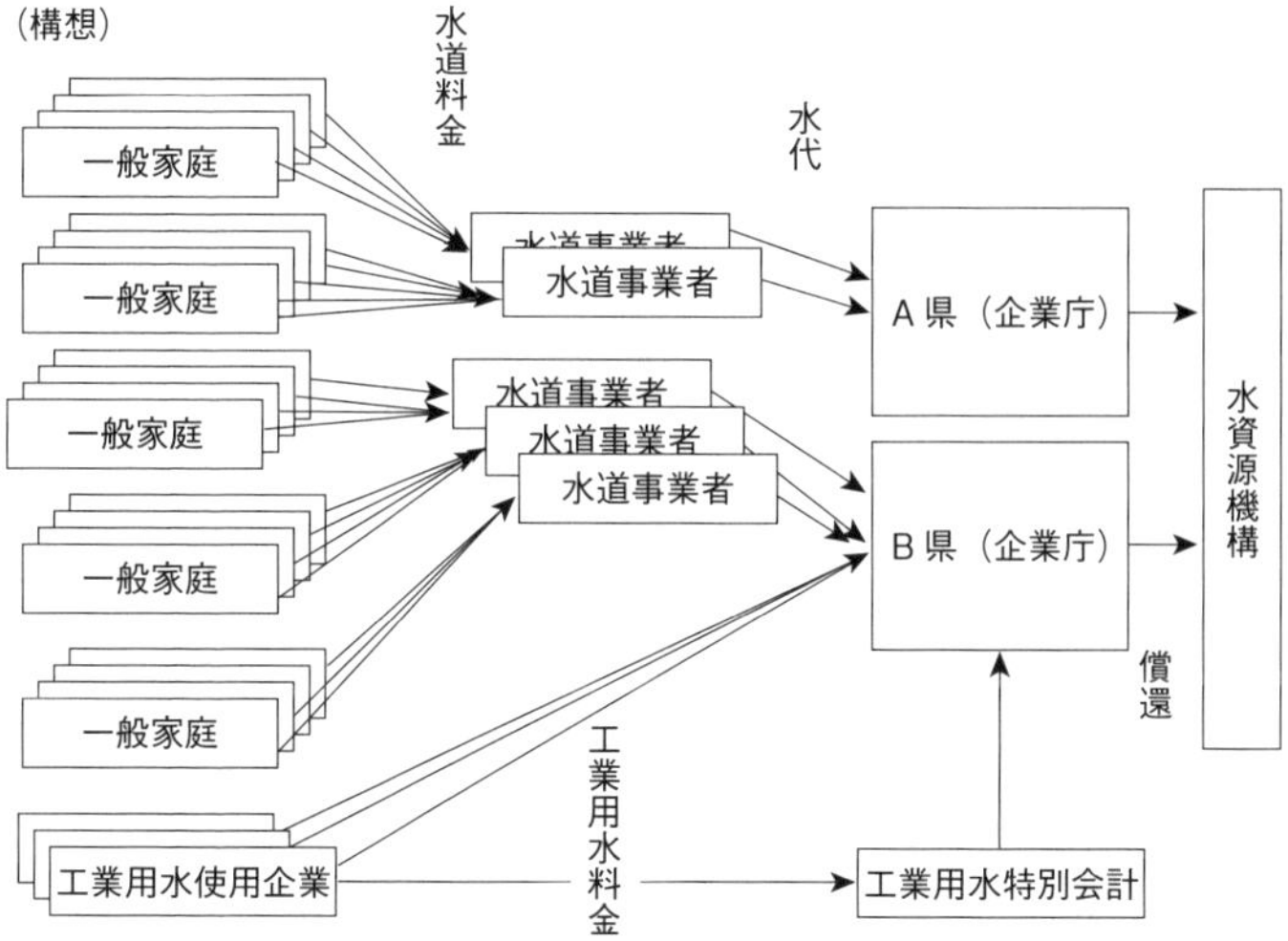

（現実）

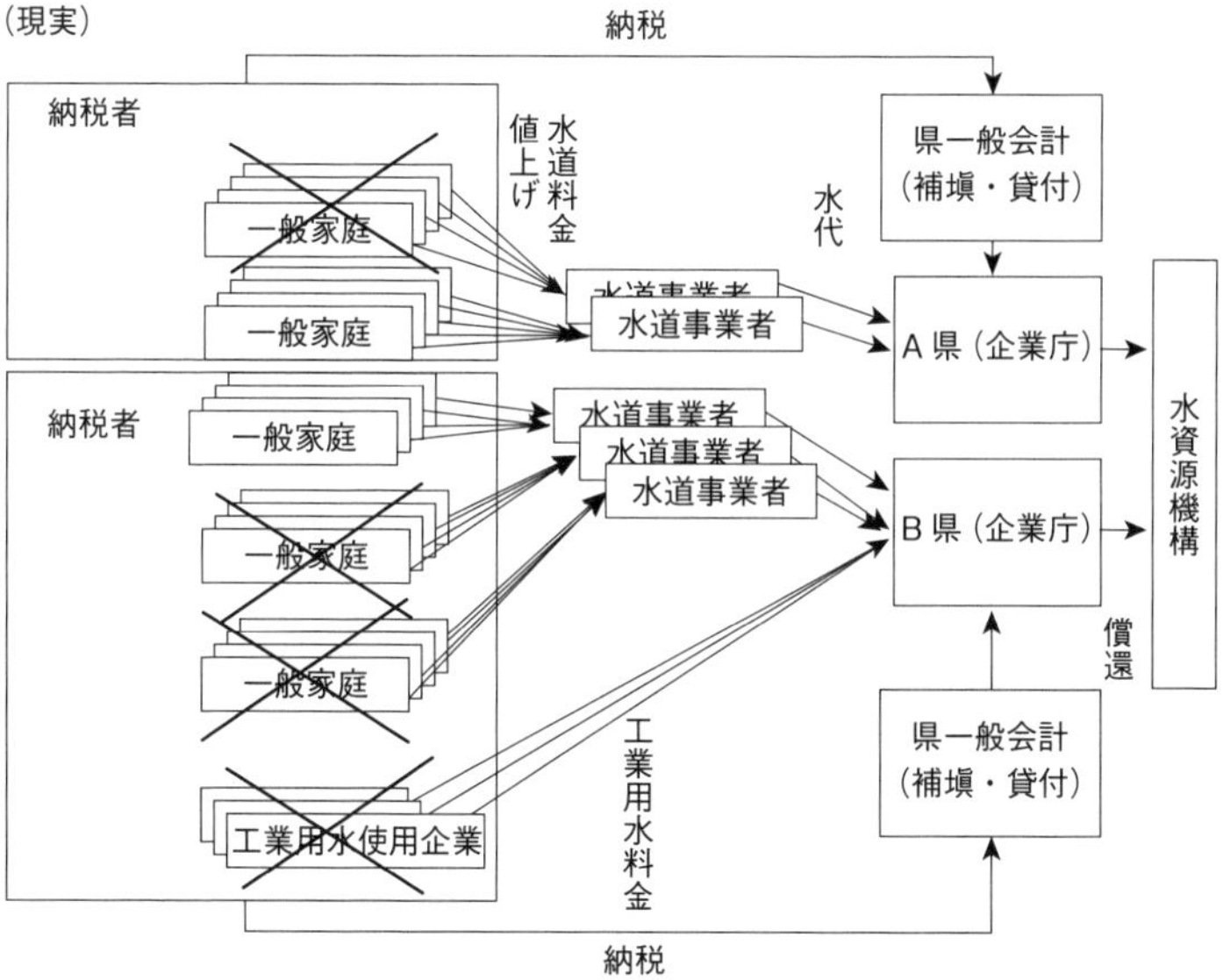

ところが、現実（図表5-2下段）には、開発された水を使う権利は売れず、水代金で投資を回収することができない。売れない水道用水は使わない水代を含めて水道料金の値上げとなる。一滴も売れない工業用水については、企業が工業用水特別会計に払うべきところ、企業庁が県の一般会計から借金をして税金で肩代わりする。どちらも使わない水のために県民の負担増となる。

愛知県土地水資源課は、水は「余っている」のではなく、「将来のストックとして確保」していると説明する。しかし、将来、買い手が現れたとしても、一九九五年から現在に至るまで対価なしに伊勢湾へ流れている水の代金は永遠に取り戻すことができない。愛知県の二〇一二年度予算は税収八八四七億円に対し、歳出は二兆二五四六億円、県債の残高は四兆九九九四億円に上る。[*4] 一般会計を圧迫し、借金を増加させているのである。

受益者負担は恒久的

長良川河口堰の建設費負担の内訳は図表5-3の通りである。建設費は一五〇〇億円弱だが、これに利息が追加される。

二〇一一年二月、「長良川河口堰の開門調査」を共同マニフェストに掲げて選挙戦を戦った大村秀章・愛知県知事と河村たかし・名古屋市長が、相次いで就任した。愛知県の大村知事は、「事業費の三分の一に当たる五〇〇億円近くを愛知県が負担」していることを、名古屋市の河村市長は、「名古屋市民の税金が一〇〇億円」無用に注ぎこまれていることを問題視した。過去の偽政者のツケを直視

図表5-3　長良川河口堰の建設費

単位：百万円（利息は含まれていない）

負担	治水	利水		合計
		水道用水	工業用水	
愛知県	6,021	34,654	12,172	52,847
名古屋市		8,308		8,308
三重県	6,021	11,799	26,629	44,449
岐阜県	6,021			6,021
国	37,779			37,779
建設費総額	55,842	54,761	38,801	149,403

出典：愛知県「長良川河口堰検証専門委員会報告書」p. 70

し始めたのである。

同年六月、愛知県は、知事の公約を受け、「長良川河口堰検証プロジェクトチーム」を設置した。運用後一六年を経過した長良川河口堰が必要であったかどうか、効果的な事業であったかどうかを検証し、今後の最適な運用のあり方を提言することが目的だ。

長良川河口堰は利水目的のダムであったが、次のような回りくどい治水目的もあった。

①洪水を下流に安全に流すために、流れの妨げになっている河道の土砂（マウンドと呼ぶ）を浚渫する必要がある。

②浚渫をすると、塩水が遡上し、流域に塩害が起きる。

③浚渫をしても塩害が起きないようにするためには、塩水の遡上を止める必要がある。そこで河口堰を作って、海水が川を遡上しないようにする。

したがって河口堰が必要である。

しかし、愛知県の「長良川河口堰検証専門委員会報告書」では、洪水となれば、河口堰こそ流下の妨げになるので、「洪水

図表 5-4　長良川河口堰の維持管理費

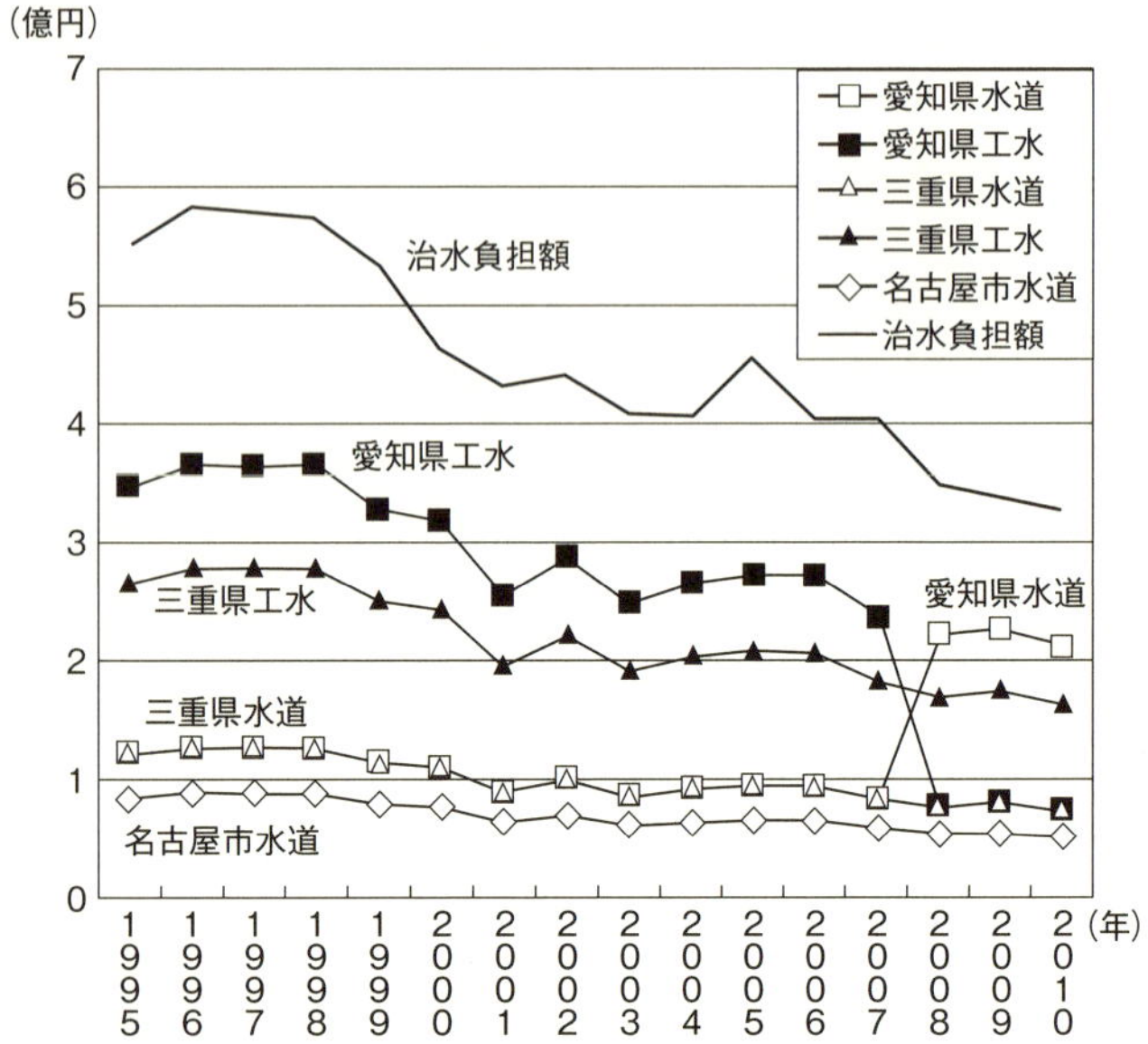

出典：愛知県「長良川河口堰検証専門委員会報告書」P.71
「長良川河口堰維持管理費の推移」より作成

時はゲートを全開する」という運用が最適であると結論づけた。また、マウンドは浚渫しても、再び上流から土砂が押し流されてきて形成される。さらには、マウンドを浚渫すると塩水が遡上するという実測データすら存在しないことも明らかにした。

一六年を経て、河口堰を作る合理的な根拠はなかったことが確認されたのである。

利水でも治水でも無用であることは住民訴訟で原告からは指摘されていた。しかし司法はこのような公金支出を違法とは判断せず、支払いを差し止めなかった。

建設費負担に加えて、一九九五年からは維持管理費も単年度ごとに支払われている（図表5－4）。なお、愛知県は、企業が払うはずだった工業用水分を、二〇〇八年からは水道事業者の負担とすり替えている。企業の負担を、一般会計にツケ回した水代をさらに水道代として県民に負わせている構図である。

上げ底四割、年三回の観光放流をする徳山ダムの今

同じ木曽川水系フルプランに位置づけられ、長良川の教訓を学ばずに完成したのが、長良川河口堰と同じ水資源機構の徳山ダムである。

木曽川水系とは、揖斐川《いびがわ》、長良川、木曽川の木曽三川を指すが、徳山ダム（岐阜県）はその最西を流れる揖斐川の福井県境に接する最上流域に位置している。

中京工業地帯を下流に抱える徳山ダムが計画されたのは一九五七年だった。貯水量日本一（総貯水量六・六億万立法メートル）となる予定で藤橋村を廃村として丸ごと沈め、四六六世帯（約一五〇〇人）を移転させて本体工事が始まったのは計画から四三年を経た二〇〇〇年三月だった。

これは、一九九五年に長良川河口堰の水に使い道がないことがわかりきった後である。また、それ以前に完成した木曽川上流の岩屋ダムの水利権四・三三トン／秒のうち、売り先がある水は〇・一八トン／秒で、残り四・一五トン／秒強は使われず、木曽三川下流の中京工業地帯で合計約二三トン／秒の水が余っていたことがわかっていた時点である。

一九九一〜一九九三年に行われた木曽川水系フルプランの協議では、徳山ダムを進めようとする国土庁原案に対し、建設省以外の関係省が「根拠なき計画は削除すべき」と主張したことが岐阜県図書館に収蔵された「木曽川水系における水資源開発基本計画全部変更協議経緯」と「木曽川水系水資源開発基本計画全部変更基礎資料」に記録されていた。

筆者が二〇〇〇年に岐阜県庁に徳山ダムに関する取材を試みた時には、担当部局を探すことに難儀した。ご当地である揖斐川のある西濃地域は地下水が豊富でダムの水は不要、治水については国が所管しているのでわからないという立場だった。岐阜県は受益自治体として財政負担をさせられることがわかっていながら、その理由を説明できる部局がなかった。

建設事業費一五〇〇億円の予定が、二〇〇八年に完成した時には三三四一億円に膨れ上がり、岐阜県の負担は二〇パーセントの六八一億円、しかし利息を含めると一一五七億円となり二〇五二年まで払うことになった。これには管理費は含まれない。

最大の受益者である名古屋市は、完成前に水利権の半分を返上した。しかし、長良川の東側に位置し、長良川の水さえ丸々余らせている名古屋市に、その川を西に越えた揖斐川の水がいるはずもない。図表5–5はなんとも虚しい徳山ダムの貯水容量の内訳である。

一番大きな割合を占める「底水」三八パーセントとは、この円グラフで一番小さな割合を占める発電二パーセントを支えるためにある。発電を行うための高さを確保するためのいわば「上げ底」である。

二番目に大きいのは、「洪水調整」一九パーセントである。これは、治水を目的に加えて、負担を国と下流域と分かち合うためにある。しかし、徳山ダムのわずか三キロほど下流に横山ダムがあるため、その役割は限定的である。

三番目に目立つ「不特定」容量は、第二章でも触れたが、河川維持流量ともいう。これは川に生きる魚などにとって必要な水までが取水されてしまわないように確保される水のことである。ダム（取水や貯水）がなければそもそも不要な目的だが、利水の必要性がなくなることによって、これを環境の目的や便益と考えるおかしな理屈がまかり通るようになっている。

図表5-5　徳山ダム貯水容量内訳（単位：100万 m^3）

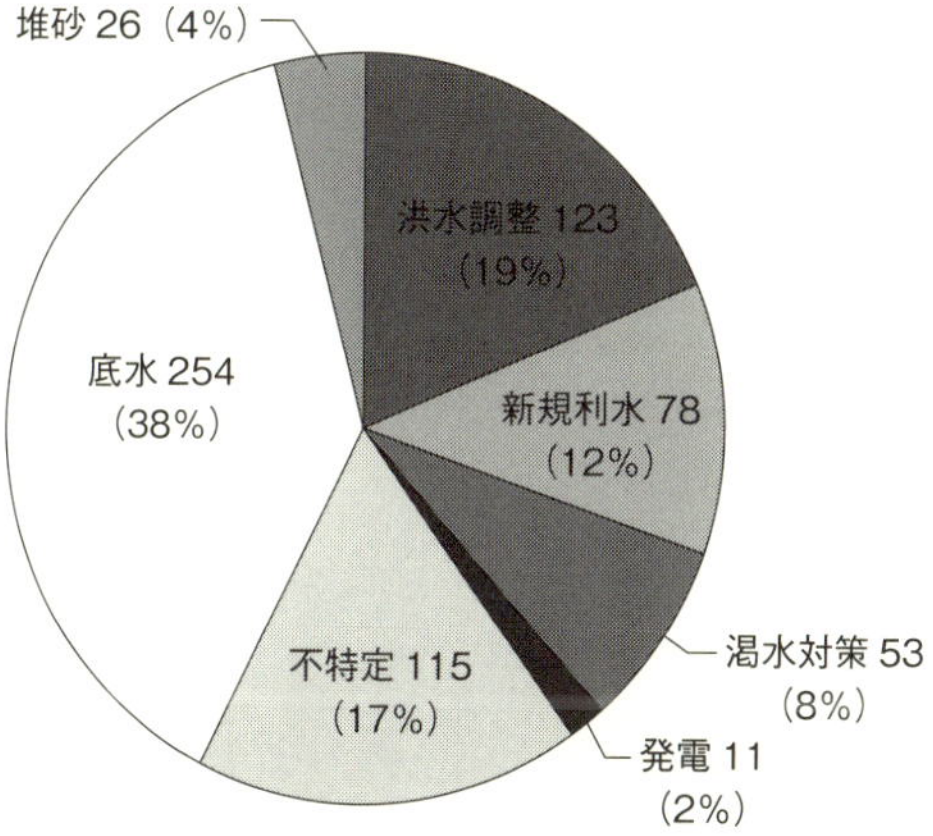

出典：徳山ダムウェブサイト「貯水池の利用割り当て」より作成

四番目に、やっと当初の政策目的である「新規利水」だが、一二パーセントに過ぎない。いずれにしても使い道がなく、完成後四年が経つが、一滴たりとも使っていない。

五番目に、「不特定」容量とは別に「渇水対策」分を八パーセント確保している。

六番目に、四パーセントを「堆砂」容量として確保している。これは水と一緒に山から海へ流れるはずの土砂を貯めこみ、下流の海岸浸食の原因ともなっているもので、会計検査院にも指摘されたように、予定よりも早く堆砂する傾向がある。河川から沿岸、果ては生態系にも影響する。

七番目が「発電」に使われる二パーセントだが、先述したように上げ底分も加え、四割が発電容量のようなものだ。

「底水」「不特定」「渇水対策」と次々と繰り出された理屈は、水資源開発促進法に基づく「広域的な用水対策を緊急に実施する」目的とはあまりにも乖離しており、建前に過ぎず、その歪みは「費用負担」に表れる。

水資源機構中部支社総務課によれば、容量内訳では二割に過ぎない治水が負担の六割をかぶる。容量内訳四割を占める発電を担う中部電力の負担は一・四割でしかない。

建設費から算定する発電コストは、二〇〇〇年二月に故石井紘基・衆議院議員が質問主意書で尋ねた時には、一九八五年の当初予算一五〇〇億円をもとにした単価計算で一キロワットあたり三五万円であると国が試算を明らかにした。当時は揚水式発電が予定され、下ダムの建設費と発電所の建設費も含まれていた。しかし、下ダムの建設は中止され、建設費は倍増したため、単純に計算すれば少なくとも一キロワットあたり七〇万円以上となる。二〇一二年四月の経済産業省の調達価格等算定委員会資料によれば、建設コストで比べると、太陽光（非住宅用）で三二・五万円／キロワット、住宅用で四八万円／キロワット、風力で三〇万円／キロワットとされているので安くはない。

ダム計画と同時期に、一九八二年一二月の第九〇回電源開発調整審議会で電源開発基本計画に位置づけられた徳山ダム発電所の事業主体であった電源開発㈱は、その後、撤退し、それを引き継いだ中部電力だけが、最大で唯一と言ってもよい徳山ダムの受益者である。運転開始は二〇一四年となる。このダムを長期にわたって推進した梶原拓・元岐阜県知事は元建設官僚だった。

行政監視機能を発揮しない司法

このダム事業をめぐっても司法による行政監視機能が期待され、発揮しなかったことを特筆する。

一九九八年、建設大臣は六ヘクタールの未買収地の強制収用を土地収用法に基づいて認めた。これに対し、このような事業に公益性はないと、トラスト運動による徳山ダムの「事業認定」を取り消すための訴訟が起きた。

「事業認定」とは、私有地を公益のために強制収用してもよいという許可を与える行政手続である。公益を認定する官庁は、国土交通省総合政策局土地収用管理室である。他省所轄の事業とは違い、国土交通省の所轄事業の場合は、「右手で申請、左手で認定」と揶揄されることになる。

トラスト運動が、徳山ダムの公益性のなさを主張して司法に「事業認定」の取り消しを求めたのに対して、国は二〇〇〇年九月二九日、岐阜地方裁判所で、この事業の公益性を訴える証人として、事業認定申請を行った時に、治水担当の部署にいた元・建設省中部地方建設局河川部の官僚を投入した。

ところが、この官僚は事業認定の申請後、公益性を判断して認定する部署である本省の土地収用管

図表 5-6　徳山ダムに確保された水利権

（単位：トン／秒）

徳山ダムに確保した水利権	水道	工業	合計
愛知県	2.3		2.3
岐阜県	1.2	1.4	2.6
名古屋市	1	0.7	1.7
合計	4.5	2.1	6.6

出典：水資源機構　徳山ダム管理所資料より作成
http://www.water.go.jp/chubu/tokuyama/yakuwari/03_risui.html

理室へ異動。さらに証人として出廷した時には、霞ヶ関の最高峰、「法の番人」とも呼ばれる内閣法制局に出向中の身であった。

この時奇しくも同時並行して、建設省では、トラスト運動への対抗策として、強制収用手続の簡素化を目指した「土地収用法改正」へ向かっていた。土地収用法改正の担当部署は内閣法制局第二部であり、証人に立った元事業者はそのすぐ隣の法制局第一部に所属していたのである。取消訴訟は却下され、土地は強制収用されたものの果たして公益性があったかどうかの答えは今、目の前にある。

徳山ダムには、完成後、「観光放流」という新たな目的が加わった。二〇〇九年以来、ゴールデンウィーク、お盆、そして紅葉の季節に、「ダムの機能や役割を理解して頂くために洪水吐きゲートからの放流を行います」（二〇一〇年四月二七日のプレスリリース）と恒例行事となった。司法はこれを予期していただろうか。もちろん、岐阜県、愛知県、名古屋市が確保した水道と工業用水用の水利権六・六トン／秒（図表5-6）は未だに使い道はない。長良川河口堰などと合わせて、毎秒約三〇トンもの水が、ひたすら伊勢湾へと流れている。

忘れてはならないことがある。年三回の見せ物となった事業のために、一九八七年度末、一つの村が日本地図から消えたことである。徳山村は藤橋村に編入され、その後、二〇〇五年に町村合併で揖斐川町と名を変えた。ダム湖は村の名前を残し「徳山湖」と名づけられている。[*5]

税金の捨て場と化す木曽川水系連絡導水路事業

この徳山ダムは今、さらなる展開を見せている。徳山ダムで貯めた使うあてのない揖斐川の水を、長良川と木曽川に流す木曽川水系連絡導水路事業（図表5-7）である。

目的の三〇パーセントが愛知県と名古屋市の水道用水（最大三・三トン／秒）、四・五パーセントが名古屋市の工業用水（最大〇・七トン／秒）だが、最も大きい目的の六五・五パーセントは、一〇年に一回起きる可能性があるという渇水時に、揖斐川から長良川と木曽川に水を流すことである。

二〇〇八年九月に事業実施計画に位置づけられた。使わない水利権を多量に抱える名古屋市では、二〇〇九年四月に当選した河村たかし市長が完全撤退を表明した。ところが、名古屋市長の政策判断を具現化すべき市水道計画課は、二〇〇九年五月二七日、市長の意向に反した発言を対外的に行った。国土交通省、岐阜県、愛知県、三重県、名古屋市、水資源機構が開催する「木曽川水系連絡導水路事業監理検討会」で「河村市長が国会議員時代に導水路の必要性について疑問を持ち、市長になった今でも同じ思いであることなどを表明したものであり、名古屋市として、導水路事業からの撤退を正式

図表 5-7　木曽川水系連絡導水路事業概要地図

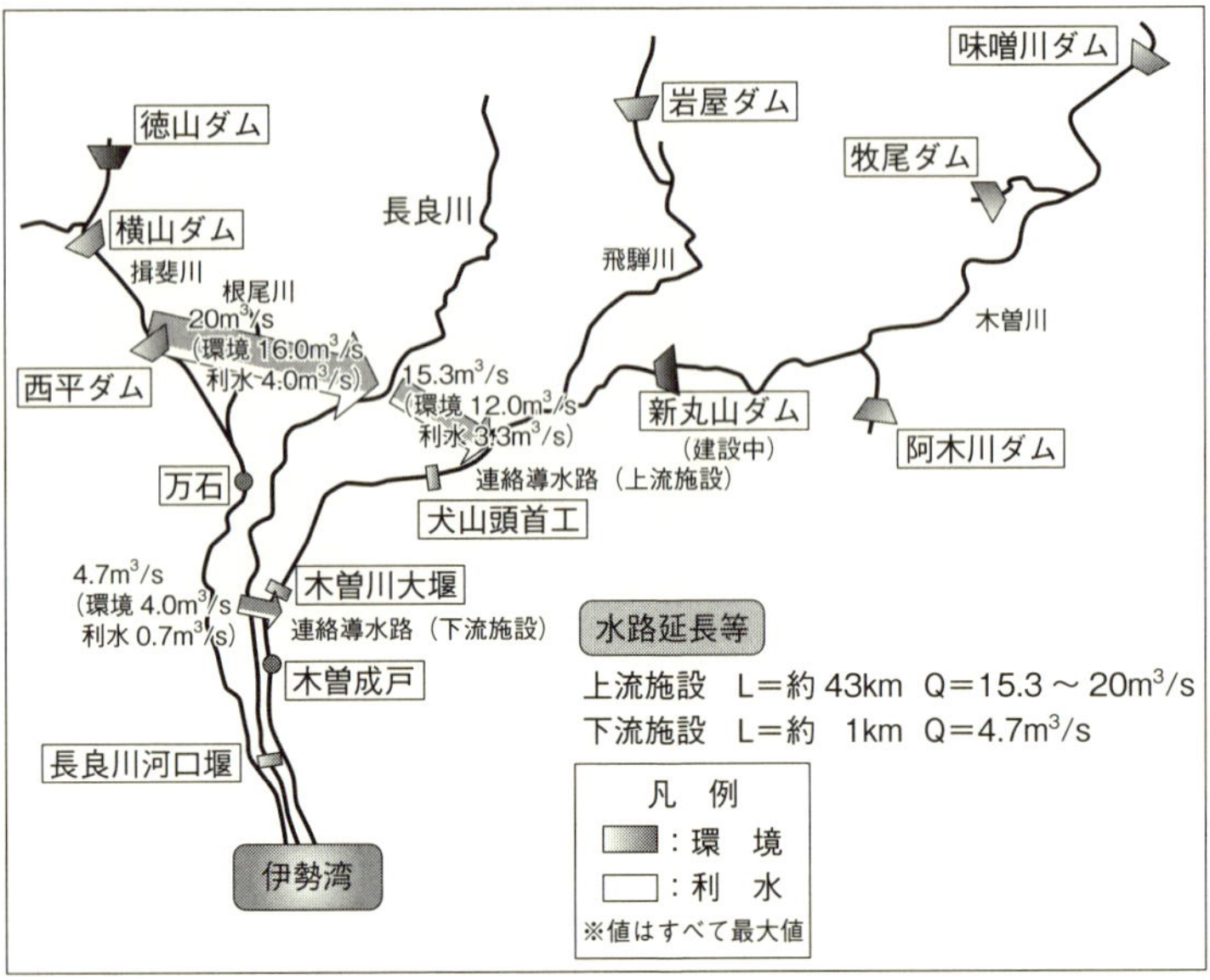

出典：http://www.water.go.jp/chubu/kisodo/PDF/d.kisojo.pdf/d.outline-0806.pdf

に決めたわけではない」（議事概要）。正式な中止手続が取られないまま、二〇〇九年一〇月には現政権に凍結された（序章）。

川から川へ水を流す事業に総額八九〇億円の予算がつき、事業者である水資源機構は事務所を構え続け、人員を配置している。

愛知県住民からは、知事と県企業庁長を相手取った住民訴訟が提起されている。

地方公共団体が撤退した幽霊事業、丹生ダム

地方公共団体の側ではとうの昔に撤

退の意思を示しているのに、「足抜け」ができない事業は木曽川水系連絡導水路事業のほかにもある。

滋賀県長浜市余呉町《よごちょう》に計画された丹生ダムもその一つである。淀川水系フルプランに位置づけられていたが、二〇〇五年、受益者であった京都府、阪神水道企業団に続いて大阪府も利水事業から撤退を表明した。計画が宙に浮いて五年が経過した二〇〇九年四月にようやく、淀川水系フルプランから削除された。

本来はもはや水資源機構の事業ではありえない。国土交通省に移管するとの扱いで、同年、二〇～三〇年の治水計画である淀川水系河川整備計画からも削除された。いわば幽霊事業である。

ところが、水資源機構はそのベースキャンプともいうべき丹生ダム建設所を閉じることなく、「一一名の正規職員と事務を行う非正規職員五名がいます」と言う。

水資源開発促進法によっても河川法によっても位置づけがなく、仕事がないはずの事業所に、総勢一六人の人件費が費やされ、毎年四億円ずつ注ぎこまれている。政権交代時に直ちにカットできるはずだった丹生ダムだが「建設段階」にあるとされている。二〇一〇年が完成予定だった。

「利水計画と治水計画からの削除をもって、撤退はすでに二回認知されたと思っていました。国や機構に対し、見直しの協議を呼びかけてきましたが、『ダムの形式を調査検討しましょう。見直しも変更もそれからです』と言われてここまできてしまった」と、筆者の取材で語ったのは大阪府水道部経営企画課の担当者である。

もう待てないとばかりに、二〇一〇年九月二一日には、橋下徹・大阪府知事（当時）が、馬淵澄夫・国土交通大臣（当時）と水資源機構の青山俊樹・理事長（当時）あてに、事業撤退にともなう精算を求めたこともある。しかし事態は変わらず、不作為による支出が続いている。

代替案が一顧だにされなかった川上ダム

綿密な住民参加によって代替案が示されたのに、一顧だにされなかった水資源機構ダムもある。一九六七年に予備調査が始まった川上ダムである。

歩いて渡れるほどの前深瀬川《まえふかせがわ》と川上川が合流したところに川上ダム予定地がある。三重県内で木津川となり、京都で淀川に流れこむ。

当初の利水予定者は三重県、奈良県、兵庫県西宮市だったが、奈良県と兵庫県西宮市は撤退。残るは「日量二万八七五〇トンが必要」と主張する三重県伊賀市のみになっていた。伊賀市でも二〇〇六年をピークに人口は減少し、水需要が増加するわけもないが、淀川水系流域委員会（一二四頁、コラム3参照）では、必要であるという主張を尊重し、二〇〇八年に画期的な代替案を提案していた。

近隣自治体の余った水利権を譲渡すれば、余った水利権を持つ自治体も助かり、川上ダムの建設も不要となるという提案だ。そこで、淀川水系流域委員会の利水部会（部会長、荻野芳彦・大阪府立大学名誉教授）らは、現場を歩き、余剰水利権を調べ上げ（図表5-8）、本当に水が足りないならばそれらを伊賀市が譲り受け、「近くにある青蓮寺《しょうれんじ》ダムから土地改良区の水路を利用して送水すればよ

図表5-8　2004年度の阪神地区のおもな利水者の水利権水量と取水実績

（単位：万 m³/日）

利水者	水利権水量	1日最大取水量	1日平均取水量	余剰水利権（平均で計算）
大阪市上水	267.6	166.5	138.0	129.6
大阪市工水	30.6	12.9	9.5	21.1
大阪府上水	222.8	200.7	158.6	64.2
大阪府工水	84	43.5	37.4	46.6
阪神水道上水	119.4	88.5	76.5	42.9
合計	724.4	512.1	420.0	304.4

出典：淀川水系流域委員会「意見書　水需要管理の実現に向けて」（2007年1月30日）より作成

い」と提案した。

川上ダムの予定地は、世界最大の両生類で日本にしか生息していない、三〇〇〇万年も形態を変えず、生きた化石ともいわれる絶滅危惧種オオサンショウウオが約七〇〇匹も生息する地域である。水利権譲渡でダム建設を代替すれば、国と地方の財政、オオサンショウウオの三方が助かる。

ところが、この提案は淀川水系流域委員会が伊賀市と大阪市に出向いて説明しても採用されなかったのである。なぜなのか。尋ねると国土交通省近畿地方整備局（近畿地整）は「水利権譲渡には問題がない」と言うが、伊賀市水道総務課は「大阪市長は水利権を譲渡できないと記者発表した」と答えた。大阪市水道局は「伊賀市からは正式な依頼がない。水利権許可は河川管理者（近畿地整）の仕事である」と述べ、判断を下した者がいない。

そこで、振り出しにかえってもう一度聞くと、近畿地整は二〇〇八年三月一一日の淀川水系流域委員会で「水需要の抑制に向けての考え方」[*6]との見解を出し、「現時点において水需要は一時的に減少しているものの、少雨傾向や、今後地球温暖化により渇水の頻発が懸念されること等も踏まえれば、河川管理者として直ちに利水者に転用を強く求めることは適切ではない」と、自治体が判断することを牽制していたことをようやく明らかにした。

国と地方財政が助かり、絶滅危惧種の生息地を侵さずにすむにもかかわらず、事業が検討され始めた一九六七年にはその言葉さえなかった後づけの「地球温暖化」を理由に、水利権を手放さないよう自治体にプレッシャーをかけていたのである。一九八九年から行政監察局が勧告し続けた水利権の譲渡や転用（第二章）が進まなかったわけである。

下がる水位はダム二つで誤差の範囲

淀川水系流域委員会（一二四頁、コラム3参照）が河川管理者に求めた徹底した情報公開によって、川上ダムの必要性は、治水の面からも効果が小さいことが明らかにされた。淀川水系の支流（桂川、宇治川、木津川）では、戦後に起きた最大の洪水と同程度の洪水に、水が溢れることなく流下できるようにすることが目標だった。ところが本流は、「戦後最大どころか二〇〇〇年に一度の大洪水にも耐えられる整備が完成している」（大阪府都市整備部河川室）と認識され、近畿地整もそれを認めていた。

それでも、「上流（支流）を整備すると上流の流下能力が上がり、下流への負荷が増えるから、その負荷を減らすためにダムで水位を下げる」という説明で、近畿地整はダム事業が必要だと説明する。

淀川水系流域委員会の委員たちがダムの効果を確かめている現場写真
大戸川ダムがない場合は、安全な水位を17センチ上回ることがわかったが、堤防の天端までは3メートル以上の余裕がある。写真は、淀川水系流域委員会資料より（撮影：宮本博司氏）
http://www.yodoriver.org/kaigi/iin/080406_kyuiinsetumei/pdf/kyuiin_iinchoppt.pdf（P. 37）

言い換えれば、上流の川幅を広げたり深くしたりするとより多くの水が一気に下流へ流れていって下流が危なくなるので、上流にダムが必要になるという理屈なのである。つまり、この理屈を使えば、上流で川を広げれば広げるほど、下流を守るために上流にダムが必要になり、延々と河川工事を続けることができる。

問題は税金を投じるに値する効果があるかどうかだが、淀川水系では過去三三回の洪水に当てはめた場合、効果を発揮しえたのはたった二回で、そのうち最も効果が出るケース、最も効果が出る地点ですら、もう一つ別の大戸川ダム（上写真）と二つ合わせても水位の低減効果は四〇セン

コラム3

一九九七年改正河川法の忠実な運用を試みた淀川水系流域委員会

改正された河川法一六条の二に基づいて、二〇〜三〇年の河川整備計画（具体的な事業メニュー）の策定が試みられた水系がある。国土交通省近畿地方整備局（近畿地整）淀川工事事務所長だった宮本博司氏が、住民の意見を反映させる場として考案し、近畿地整のもとに二〇〇一年二月に流域委員会を設置した淀川水系である。

二〇〇三年一月に発表した「ダムは、自然環境に及ぼす影響が大きいことなどのため、原則として建設しない」との提言は、設置から一六五回の委員会や部会を開いての結論だった。ダムの役割を完全に否定するわけではなく、「考えうるすべての実行可能な代替案の検討のもとで、ダム以外に実行可能で有効な方法がないということが客観的に認められ、かつ住民団体・地域組織などを含む住民の社会的合意が得られた場合にかぎり建設する」との条件つきで、ぎりぎりまで説明責任を河川管理者に果たさせることに力点を置いた考え方である。その結果、旧河川法体制で計画されていた五つのダム事業はすべて建設をしないとした。

その結論を導いたのは、従来型の審議会とは違う運営方法だ。①公共事業に批判的な有識者を含む準備会議を経て委員を選び、②学識経験者には地域特性に詳しい住民を含めた。③一般公募も募り、④委員として参加できない人でも会議に足を運べば傍聴者発言ができた。⑤会議、会議資料、議事録のすべてを原則公開とし、⑥事務局は河川管理者ではなく民間へ委託、⑦提言・意見は委員が分担執筆でとりまとめた。

行政の隠れみのでもなければ、お墨付き機関でも、結論ありきでもない。これまでの諮問機関とは一線を画した運営によって導き出された結論だった。

ところが、諮問者である近畿地整は、この提言を棚上げにしたまま、淀川水系流域委員会を考案した宮本博司氏を本省の防災課長ポストに異動させ、行動の自由を奪う。一方、二〇〇六年に淀川水系流域委員会を休止させたものの、世論の反発が強く、次期流域委員会を公募せざるをえなくなった。その間、宮本氏は課長ポストを捨てて京都府民として故郷に舞い戻り、再開された淀川水系流域委員会に公募で入り、投票において委員長となった。

二〇〇七年八月に再開された淀川水系流域委員会に提示されたのは、ダム計画を復活させた近畿地整がまとめた原案だった。堤防強化で破堤による壊滅的な被害を回避・軽減することを最優先する淀川水系流域委員会の考えとは違い、ダムによる水位低下を優先させる従来の河川行政に逆戻りした原案だった。

二〇〇八年四月、淀川水系流域委員会は原案に対し、「現段階においてダム建設の『実施』を河川整備計画に位置づけることは適切ではない」とする中間意見を提出したが、最終報告を出す前に、近畿地整は淀川水系流域委員会の開催を打ち切ってしまう。これに対し、淀川水系流域委員会は手弁当で自主開催によって、二〇〇八年一〇月に、「淀川水系河川整備計画策定に関する意見書」をとりまとめた。

二〇〇九年三月、河川管理者である近畿地整は、淀川水系河川整備計画[*7]を発表した。淀川水系流域委員会は五ダム計画のすべてを当面建設しないとの意見であったが、近畿地整はそれを取り入れず、「川上ダム、天ケ瀬ダム再開発、大戸川ダムを順次整備する」とした。また、利水の受益者が消滅した丹生ダムについては、「ダム型式の最適案を総合的に評価して確定するための調査・検討を行う」と復活の芽を残した。さらに「余野川《よのがわ》ダム等洪水調節施設の整備については」という括り方で、「他の支川との治水安全度のバランスをふまえ、実施時期を検討する」とこれも復活の芽を残して、計画の策定作業を終えた。

「担当者の異動」「委員会の休止」「委員会の開催の打ち切り」の果てに、「原則ダムは建設しない」との結論を出した淀川水系流域委員会の提言を葬り去り、五つのダム計画を死守したのである。

この抵抗のすさまじさを体験した宮本博司・国土交通省河川局防災課長（最終官職）こそが、政権交代時の河川局長にふさわしいと、筆者が民主党政権に対して推した人物である。

チに満たないのだという。

さらに、淀川水系流域委員会がその効果とはどのようなものか大戸川ダムのケースを現場で確かめると、堤防は国土交通省が「安全に流下できる」と主張する水位を、二センチ下回るだけの効果しかなく、しかもこの時、堤防の天端（一番上のこと）までには三メートル以上の余裕高があり、ほとんど誤差の範囲ではないかと議論された。

淀川水系流域委員会は、治水・利水の両面にわたるこのような綿密な検証のもとに、五つのダムを原則建設しないとの結論を導いたが、コラム3に書いたように近畿地整は、「担当者の異動」「委員会の休止」「委員会の開催の打ち切り」といった手法でこの結論を覆し、川上ダム事業も大戸川ダム事業も継続する決定を打ち出した。

地すべりで三〇年遅れ、事業費四倍の滝沢ダム

水資源機構が進めてきた事業には、水余りダム、幽霊ダムのほかに、地すべりを繰り返してなかなか完成しないダムもあった。

利根川・荒川水系フルプランに位置づけられた滝沢ダム（埼玉県）はその一つである。建設事業に着手したのは一九七二年。一九七六年に当初計画ができ、当初一九八二年までに六一〇億円で完成するはずが、完成は約三〇年遅れ、事業費は四倍に膨らんだ（図表5-9）。

一九八三年度の会計検査院報告では、調査の着手後一〇年以上を経過し、多額の事業費を支出しながらなお用地買収、補償交渉が難航していることが指摘され、事業効果の発現が著しく遅延しているとの指摘を受けていた。

すべての移転者と地権者とが補償基準を結んだのは一九九二年になってからだった。

「地すべり地であることは以前からわかっており、試験湛水前に押え盛土などの事前対策をしていた」と、筆者の取材に答えたのは、荒川ダム総合管理所の栗原義晴・副所長（当時）である。その箇所は四〇カ所だといい、ダム湖斜面の至るところにコンクリートで絆創膏を貼ったような対策跡があった。

この事業がさらに難航したのは、試験湛水を開始してからだ。試験湛水とは、ダムの漏水や周辺の山に地すべりが起きないか安全を確かめる試験である。

初めての地すべりは二〇〇五年一一月二日。貯水開始後一カ月で、ダム湖上流の左岸一・五キロ地点の斜面が一センチ動き、四カ所で亀裂が見つかった。約九カ月をかけ三〇億円で対策を行った。二〇〇六年八月には湛水を再開。しかし、二〇〇七年五月に満水位まであと一六メートルというところで、再びコンクリートで手当てしたすぐ隣の斜面が崩落した。半月後に再び崩落。その規模は幅九〇メートル、長さ九〇メートル、最大深さ一五メートルだった。

二〇〇七年八月、三度目の湛水を再開して今度は満水位に達したが、二〇〇八年四月一日に水位を下げ始めたところ、わずか二日目に右岸の市道に亀裂を生じ、さらにその後の水位低下で、同年五月七日に左岸の国道一四〇号線上に直径四〇センチの陥没、同九日に左岸の管理用道路で、同一〇日にコンクリートの吹きつけに亀裂が入った。水位を維持したが、それでも六月一三日には右岸の市道に亀裂が入り、斜面が〇・四メートル滑落し、さらなる対策が必要となった。

途中で中止する選択肢はなかったのかを尋ねると、「二〇〇三年一一月、関東地方整備局事業評価監視委員会で、地すべり対策費も含め費用対効果を検討していただき『継続』の結論を受けた。機構の中だけで決めたのではない」と担当者が回答したが、その委員会の記録を調べると、一二人の委員には地質の専門家は含まれていなかった。その判断のツケは国と地方公共団体、つまりは納税者が払う。

水資源機構はついに、試験湛水の終了前であるにもかかわらず二〇〇八年四月一日に滝沢ダムの管理を開始した。本来、試験湛水の終了後に発生するはずの、東京都（最大〇・八六トン／秒）と埼玉県（三・七四トン／秒）への利水の受益を法律上の手続によって発生させている。埼玉県は、ダムは二〇〇七年度に完成した扱いに、水利権は二〇〇八年度から発生した扱いにした。そして、償還は二〇〇九年度から始めると取り決めた。地すべり工事についても負担割合に応じて費用を別払いで払うという。これらは試験湛水の通常のルールを逸している。水資源機構にとっては再び大きな地すべりが起きれば工期延長が必要となる。埼玉県行政にしてみれば議会への説明が困難になる。そこで、ペーパー上では受益がすでに発生したように見せかけて、実際の支払いは一年遅らせて開始させる持ちつ持たれつの関係をつくったのではないか。

図表５−９　荒川水系フルプランに位置づけられた滝沢ダム

計画変更年	工期の延長	事業費の増額
当初計画（1976 年）	1982 年度	610 億円
1 回目変更（1998 年）	2007 年度	2,100 億円
2 回目変更（2005 年）	2007 年度	2,320 億円
3 回目変更（2009 年）	2010 年度	2,320 億円

出典：大河原雅子・参議院議員の入手資料より作成

貯水が地すべり原因と国が認めるダム、認めないダム

このような地すべりダムはほかにもある。国土交通省近畿地方整備局が貯水が地すべりの原因と認めた大滝ダム（奈良県）は、水資源開発水系からは外れているが紹介しておきたい。奈良県、和歌山県、和歌山市、橋本市の水道と、和歌山市の工業用水を目的に、吉野川上流の川上村の中心部四七五世帯を移転させ、一九七七年度までに事業費二三〇億円で

図表5−10　地すべりで事業費が計画の16倍になった大滝ダム

計画変更年	工期の延長	事業費の増額
当初計画（1972年）	1977年度	230億円
1回目変更（1978年）	1984年度	775億円
2回目変更（1988年）	1994年度	1,540億円
3回目変更（2000年）	2002年度	2,980億円
4回目変更（2002年）	2002年度	3,210億円
5回目変更（2005年）	2009年度	3,480億円
6回目変更（2008年）	2012年度	3,640億円

出典：大河原雅子・参議院議員の入手資料より作成

完成するはずだった（図表5−10）。奈良県地質調査委員会が、「ダム建設によって水没斜面の地すべりは起こり得る」と意見書をまとめたことが、国会審議でも事前に指摘されていた。しかし工事を進め、二〇〇三年に試験湛水を始めたところ、ダムを見下ろす右岸斜面の三七世帯が暮らす白屋地区の真ん中に亀裂が入り、さらなる移転を生じさせた。工期は四〇年以上、事業費は一六倍に膨れ上がった。

国が貯水と地すべりの因果関係を認めないダムもある。水資源機構は、一九六八年に直下の集落が地すべり防止区域に指定されていたにもかかわらず下久保ダム（群馬県）を完成させた。一九九一年の集中豪雨で四〇世帯の人家を載せた一〇〇ヘクタールの範囲、深さ四〇〜五〇メートルで地すべりが発生したが、貯水との因果関係を認めていない。[*8]

なお、第二章で取り上げたように、すでに三回の計画変更を行った八ッ場ダム（図表2−5）の予定地でも、地すべりは予測されている。二万四〇〇〇年前の浅間山噴火で山体が崩壊して流れ下った「岩屑なだれ」が斜めに堆積した地形だからである。一八七一年、一九三五年、一九七六年には集中豪雨で地すべりが発生、一九八二年、一九八三年、一九八八年、一九八九年にはJR吾妻線が沈下、亀裂、変形した場所は予定地である。[*9]

ダム計画においても湛水域に二二カ所の地すべり地を国土交通省自らも予測しているが、対策はその一部にとどめることを前提に、総事業費の計算を行っている。

作ってしまえば地すべりを起こしても安全を理由にさらなる税金を注ぎこまざるをえない。これはダム事業の目的や効果はとりおいて、産業の少ない地域で小さく生んで大きく育て、税金が海に捨てられる一つの要因となっているといえる。

水が余っても作り続けられ、地方公共団体が撤退を表明しても消滅せず、代替案をサボタージュし、地すべりが警告されても止めないダム……。税金を海に捨てるだけのこうした水資源機構ダムは、一体なぜ誰に必要とされ、継続・続行されたのだろうか。そのわけを第六章で明らかにする。

第六章　ラスパイレス指数118・7の組織運営

「事業の性格から業務場所は山間僻地が多く、また、水の安定供給のため、危機管理上二四時間即応体制を取り、災害発生時は流域住民の生命、財産を守るため最前線の現場に出動する必要がある」

これは、独立行政法人水資源機構が、自らのラスパイレス指数が国家公務員より二割も高いことを尋ねられることを想定して、二〇一〇年六月二二日に作った内部資料「給与水準公表に係る想定問答」の一節である。

ラスパイレス指数とは、「学歴や経験年数の差による影響を補正し、国家公務員給与を一〇〇として計算した指数」、つまり給与水準（総務省）である。総務省の二〇一一年[*1]の発表では、地方公務員給与のラスパイレス指数は「98・9」。一方、一〇五の独立行政法人の平均値は、年齢を勘案した指数で「105・5」、年齢・地域・学歴を勘案すると「103・9」であった。

そんな中、二〇一〇年の水資源機構は「112・6」。年齢・地域・学歴を勘案するとさらに上がって「118・7」だった。これは二〇〇六年から取り組んだ各法人における総人件費改革の結果で、前年の「116」と「121・6」からは下がっている。しかし、地方公務員や国家公務員と比較しても約二〇ポイント、ほかの独立行政法人と比較しても高い。

少なくとも一九九五年に運用を開始した長良川の水が売れない、地方公共団体の財政に損害を与えたことをもって、その存在意義が質《ただ》されるべきだった組織がである。一体なぜこのような組織になったのか、第五章で明らかにした数々の事業が支えるラスパイレス指数118・7の意味を解いてみた。

座席表でわかる余剰人員の配置

手がかりにしたのは、本社（埼玉県さいたま市）、二支社（中部支社、関西支社）、二局（吉野川局、筑後局）、およびすべての事業所の座席表である。

公表されている二九事業所のほかに、利根川水系には鴻巣研修所、秋ケ瀬管理所、玉造管理所があり、豊川水系には新城支所、新城支所第二管理課、豊橋支所、田原支所、豊川用水総合事業部田原支所・水源管理所・大野管理所、そして愛知用水総合管理所に牧尾管理所・上流管理所・下流管理所も存在し、人員が配置されている。

本社広報課への取材で、所長が三五人、副所長が三八人、所長代理が二七人もいることが確かめられている。一九八九年の行政監察では、定員を減らすように勧告され、二度目の行政監察では、ダムの有効貯水量一〇〇〇トンあたりの管理コストが増大していると勧告を受けた（第二章）。しかし、建設も管理も行っていない丹生ダム（第五章）にすら副所長が二人もいる。三五人ですむ所長業務に一〇〇人が配置されれば高コストになるのは当然である。

シニアスタッフという内部天下り

本社にも同じ状況がある。独立行政法人の情報公開法などで入手した座席表は、一部が黒塗りで開示されたが、この黒塗りの規則性に特徴がある。

結論から先に言うと、その規則性によって「内部天下り」とでもいうべき存在が判明した。広報課によれば、「機構全正規職員の一五二四人の外数」として、非常勤職員が七七人、再雇用職員二九人、計一〇六人がいて年々増えるが、それは「シニアスタッフの増加によるもの」（広報課）である。かつては外部に再就職（天下り）していたが、昨今の天下り批判で行き場がないため、今後も増えるという。いったん退職するため、ハイランクの高齢職員は、ヒラ扱いとなり、座席表では黒塗りで表れる。

詳細に言えば、開示部分と黒塗りの非開示部分には、おもに三つの規則性がある。

第一に、理事長をはじめとする役員、および部長、次長、課長などの管理職は、肩書きと名前が開示される。中には肩書きなしで名前だけ開示されている者も数人いる。

第二に、霞ヶ関用語で「一般係員」と称されるヒラ職員の席はその名前が黒塗りとなり、肩書きは

図表6-1　審議役・上席審議役のポスト数推移

	2006年4月1日	2007年4月1日	2008年4月1日	2009年4月1日	2010年4月1日	2010年12月1日
上席審議役	—	—	—	1	6	7
審議役	17	15	19	21	19	18
計	17	15	19	22	25	25

出典：長島一由・衆議院議員の入手資料より作成

ない。

第三に、再雇用職員たちは、役員や管理職を思わせる「上席審議役」「首席審議役」「審議役」などの肩書きがつけられているが、名前は黒塗りで、管理職席に近い席あるいは部屋の片隅にひとかたまりで配置されている。また「シニア人材活用室」なる部屋には四席が設けられ、二人の「上席審議役」と一人の「審議役」がいる。そのほか「次長」「事務長」「事業管理役」「参事役」「参事」と管理職めいた肩書きの黒塗り席がそこここにある。

シニアスタッフはどのような仕事をしているかを聞いても広報課からの回答はない。しかし、年を追うごとに増え、審議役がやがて上席審議役に「昇格」していくようである（図表6-1）。

中には「教授」という肩書きがついた席が三席ある。一人は名前を開示された「教授」、一人は個室をあてがわれた「客員教授」で黒塗り、もう一人は「教授・国際審議役」という肩書きも氏名も公開された「所長」である。

こうした規則性は、七水系に散らばる支社、局、事業所で共通している。

全体の職員数は公表資料によってバラバラで、行政刷新会議による二〇

図表6-2　水資源機構の職員数

	8級	7級	6級	5級	4級	3級	2級	1級
計	部長、次長	課長	課長補佐	課長補佐	係長	係長	一般係員	一般係員
1,368	25	90	109	339	485	153	101	66

出典：「独立行政法人水資源機構の役職員の報酬・給与等について（抄）」
Ⅱ職員給与③職級別在職状況

一〇年の第二弾の事業仕分けでは一五二四人（二〇〇九年度）との資料を提出し、取材でも正規職員数は一五二四人だというが、自らの公表資料では常勤職員一三二五人（二〇一〇年度）としている。総務省の公表資料では、一三六八人となっていた。

裏づけるために、公表情報（図表6－2）に集約される元データの開示請求を行った。すべての独立行政法人が総務省に提出しなければならない「独立行政法人給与等調査票」である。これには、二〇一〇年四月一日現在で常勤職員一四九八人、常勤役員九人、非常勤職員ゼロ人と書いてある。しかし同じ資料で職員番号を見ると一三六八番までしかない。

一方、あらかじめ入手していた座席表で数えると、本社、支社、局、事業所の座席表で一七〇〇人を超える。「事務補助」などの肩書きで派遣社員を思わせる席の数を抜くと一六〇〇人程度。広報課は非常勤職員と再雇用職員の計一〇六人は、「機構全正規職員の一五二四人の外数」だと述べる。このほかに本社だけでアルバイト四八人、派遣契約による従事者が一三人いて、一方で職員六五人が官庁へ現役出向中だといい、これに加えて外注で本社勤務をしている人材がまた別にいると述べたが、これだけ大勢の非正規職員を雇用し、幽霊事業や凍結事業がある中で、水資源機構とは一体何をしているのだろうか。

本来業務を外注する「総合技術センター」

「外注で本社勤務の人材」は「総合技術センター」にいることがわかった。

総合技術センターとは水資源機構の内部機関で、二〇〇五年に「ダム・水路等事業における基幹的・専門的な技術の蓄積・高度化」を目的に組織された。二〇〇七年の独立行政法人整理合理化計画[*2]を受けて「内部受託をしてコスト削減」を行うために改組して名前が現在の総合技術センターに改められた。

表向きには「平成二〇年四月、浦和の試験所及び各地の事業所から技術者を中心に七五名が集約され、本部に設置された」（二〇一〇年四月二八日の事業仕分け資料）とされている。しかし一方で「ダム建設が終わり、維持管理技術を持たない余剰人員を集めた」ともささやかれている

本社から車で一〇分強の距離に独自の試験場がある。そこには三一人の正規職員がいると広報課は言う（座席表では二五席、本社に五二席で、管理職は双方に席を持つ）。

何を内部受託しているのか。ウェブサイトには、その受託業務として「ダム、水路等に関する基幹的、専門的な調査・設計業務」「材料試験、構造物解析、水質対策、水利検討等業務」などの説明が並んでいる。

ところが「水資源機構総合技術センターが発注した調査業務等の成果物である報告書の一覧[*3]」によ

れば、「技術者を中心に」集めて「内部受託」をしているはずが、業務を外部にトンネル発注していることがわかる。年数十件がトンネル発注されており、二〇〇五～二〇〇九年までの外注一覧表の上から五つずつを抜き書きすると図表6-3の通りである。

見ての通り、「フィルダム材料試験等業務」は毎年のように外注をする。以後も外注は続いており、二〇一〇年度に「フィルダム材料試験等業務」を一般競争入札にかけた時の発注書を見ると、一年契約で「勤務地：総合技術センター試験場地内」とあり、これが「外注で本社勤務」の中身である。㈱アイ・エヌ・エーが三六七五万円で落札し、その後も二〇一一年度には㈱セントラル技研が一六五六万円で、二〇一二年にも㈱セントラル技研が二三〇〇万円で受託した。

同様に、毎年同じ名目で、総合技術センターの試験場で業務するよう指示されている外注業務の一つが「コンクリート配合試験」である。同報告書を見ると、こちらは毎年、総合技術開発㈱が受注。一冊の報告書に複数ダム向けに書かれた結果が挿入されている。独自業務を持たない総合技術センターが、ダム事業を抱える現場事業所から内部受託した仕事を、トンネル外注している構図である。外注の体裁を整えているが、派遣に近い「偽装請負」[*4]が疑われても不思議はない業務形態でもある。

このほかにも「フィルダム計測記録整理等業務」「ダム構造解析業務」など、さまざまな本来業務を毎年決まって外部に委託し、しかも、「総合技術センター試験場地内」で行わせている。

七五人の人員がいるのならば、なぜ自前の職員でできないのかと問えば、二〇〇七年の独立行政法人整理合理化計画で、「民間委託の範囲を拡大すること」と指示されたからだという。

図表6-3　水資源機構総合技術センターが外注した調査業務報告書例および総数

2005年（計38件）	平成17年度コンクリート配合試験報告書
	平成17年度フィルダム材料試験報告書
	平成17年度土質材料試験等業務報告書
	平成17年度鉛直二次元富栄養化モデル機能検討業務報告書
	平成17年度管水路施設機能診断手法検討業務報告書
2006年（計42件）	平成18年度土質材料試験等業務報告書
	平成18年度コンクリート配合試験報告書
	平成18年度徳山ダム水質予測検討業務報告書
	コンクリートダム施工計画基礎資料作成業務報告書
	群馬用水施設緊急改築事業再評価基礎資料作成業務報告書
2007年（計31件）	平成19年度コンクリート配合試験報告書
	平成19年度フィルダム材料試験等業務報告書
	平成19年度事業効果算定手法検討業務報告書
	平成19年度鉛直二次元モデルによる水質予測計算業務報告書
	断層関連空中写真判読業務報告書
2008年（計33件）	平成20年度フィルダム材料試験等業務報告書
	平成20年度コンクリート配合試験報告書
	平成20年度南摩ダム・小石原川ダム水利模型制作・実験報告書
	平成20年度堰の耐震照査業務報告書
	平成20年度コンクリートダム等水利模型制作・実験報告書
2009年（計24件）	平成21年度コンクリート配合試験報告書
	平成21年度フィルダム材料試験等業務報告書
	平成21年度水路工耐震性能照査業務報告書
	淡水赤潮のシスト分布調査報告書
	群馬用水施設緊急改築事業水利計画模式図等業務報告書

出典：長島一由・衆議院議員の入手資料より作成

しかし民間委託ならば現場の事業所が行えばよい話であり、年間数十件の内部委託を外部にトンネル発注するという意味ではないことは火を見るよりも明らかである。総合技術センターが内部委託をして「請負偽装」と見まごうトンネル外注で報告書を作ることが[*5]、独立行政法人整理合理化計画が求めた民間委託であると解釈したのが、水資源機構である。

水資源開発促進法を逸脱する「総合技術センター」

一方で、総合技術センターは、設立目的の内部受託や、二〇〇七年の独立行政法人整理合理化計画の「民間委託の範囲を拡大」の真逆である外部からの受注を始めていた。図表6-4はその例である。中には、国からの事業受託を活動財源の一角に持つNPO法人日本水フォーラム（図表4-10）から受けた「中央アジアの電力・水資源に関する地域連携に関する調査を行い、報告書を作成するもの」なる業務もある。

念を押すが、水資源機構の前進である水資源開発公団は、水資源開発促進法とセットで同時に、都市人口の増加にともない水の供給を確保するために設立された。特殊法人改革で「水の供給量を増大させないものに限る」との条件つきで独立行政法人へ移行したが、国と地方公共団体から交付を受けて運営する組織である。

機構の目的は独立行政法人水資源機構法第四条で「機構は、水資源開発基本計画に基づく水資源の

図表 6−4　総合技術センターの業務（受託業務実績等）例および総数

	発注者	受注事業
2007年度（計12件）	井上工業㈱ほか 4 社	コンクリート強度試験
	㈱セントラル技研	盛土材料大型動的三軸試験業務
	㈱国際協力機構	平成 19 年度集団研修「統合的水資源管理」
	㈱国際協力機構	平成 19 年度国別研修「イラン統合的水資源管理」
	㈱国際協力機構	平成 19 年度シリア国別研修「ダムの管理と安全」
	国際協力銀行	2006 年度円借款事業事後評価業務（スリランカ）現地フィードバック業務
	国土交通省水資源部	アジアモンスーン地域における統合水資源管理推進検討調査業務
	八千代エンジニヤリング㈱	サウジアラビア国南西地域総合水資源開発・管理計画調査
2008年度（計22件）	国土交通省土地・水資源部	アジア地域の主要課題を踏まえた統合水資源管理計画検討調査業務
	㈱国際協力機構	（地域別研修）「中東地域統合的水資源管理」
	八千代エンジニヤリング㈱	サウジアラビア国南西地域総合水資源開発・管理計画調査
	㈱国際協力機構	平成 20 年度（国別研修）マレーシア「統合的流域河川管理」
	特定非営利活動法人日本水フォーラム	中央アジアの電力・水資源に関する地域連携に関する調査を行い、報告書を作成するもの
2009年度（計23件）	八千代エンジニヤリング㈱	サウジアラビア国南西地域総合水資源開発・管理計画調査
	特定非営利活動法人日本水フォーラム	中央アジア地域シルダリア川上流域統合水資源管理準備調査
	㈱国際協力機構	平成 21 年度（国別研修）インドネシア国「流域水資源管理」
	㈱国際協力機構	平成 21 年度（国別研修）中国「節水型社会構築モデルプロジェクト（効率的な水資源管理）」
	㈱国際協力機構	平成 21 年度（国別研修）マレーシア「統合的河川流域管理」
	㈱セントラル技研	盛土材料大型動的三軸試験業務
	総合技術開発㈱	圧縮強度試験
	㈱セイシン企業	セメントの密度試験

出典：総合技術センターの業務（水資源機構の技術支援〈受託業務実績等〉）より作成
http://www.water.go.jp/kanto/sougicenter/guide/support.html

開発又は利用のための施設の改築等及び水資源開発施設等の管理等を行う」とある。「業務の範囲」は第十二条で「機構は、第四条の目的を達成する」ことにある。「水資源開発基本計画に基づ」く以外の任務は一つたりともない。

ところが、「機構の目的」からも「業務の範囲」からも逸脱し、立法趣旨からも外れた㈱国際協力機構やアジア開発銀行、そして民間企業を通して途上国の事業を受注している。業務の焼け太りである。しかも、㈱セントラル技研のように総合技術センターと受注・発注を相互に行う事業者が散見される。

さらに、総合技術センターのこうした受託業務実績等と外注報告書を比べると、奇妙な一致も見られる。たとえば二〇〇六年に「平成一八年度利根川上流ダム群再編事業に係る下久保ダム調査検討業務」を関東地方整備局から受託した同じ年に、総合技術センターが外注して受け取った報告書には「下久保ダム貯水池堆積土砂採取等業務報告書」「下久保ダム貯水池周辺用地調査報告書」がある。二〇〇七年には「平成一九年度水資源機構営事業事後評価調査委託事業」を農林水産省農村振興局から受注し、「平成一九年度事業効果算定手法検討業務報告書」を外注して受け取っている。

もう一度、ラスパイレス指数が高いことを説明した彼らの理由を考えてみよう。

「事業の性格から業務場所は山間僻地が多く、また、水の安定供給のため、危機管理上二四時間即応体制を取り、災害発生時は流域住民の生命、財産を守るため最前線の現場に出動する必要がある」

海外出張が必要となる業務とは乖離がある。こうした業務を総合技術センターが毎年数十件も受注していることもその説明には書かれていないのである。

地方公共団体負担の九割は人件費・その他

「ぼったくりバーの請求書」と呼ばれる公共事業の地方負担金の、二〇〇九年四月にきた「予定通知」を広げて見せてくれたのは大阪府河川整備課だった。

予定通知は二枚あり、一枚は国土交通大臣名で本省から、一枚は近畿地方整備局長名で近畿地方整備局からきている。書式は違うが同じ記載内容で、毎年別々にくる二重行政である。

図表6−5　大阪府が建設管理費を負担している新規と既存の水資源機構事業

新規	川上ダム
	丹生ダム
既存	高山ダム
	青蓮寺ダム
	室生ダム
	布目ダム
	被奈知ダム
	一庫ダム
	日吉ダム
	琵琶湖開発

大阪府は、水資源機構が建設管理する一〇事業（図表6−5）の負担金を支払っている。そのうち治水の負担金は「社会資本整備事業特別会計」への納付金として支払い、完成したダムについては、利水分の受益者負担の償還も始まっている。

「ぼったくりバーの請求書」と橋下徹・前知事が呼んだ背景には、その中の水資源開発事業交付金に対する地方負担金予定通知には丸まった数字しか書かれていないことに気づいたからだ。

図表6-6　大阪府地方負担分（2009年度）

	負担基本額	地方負担額	
車両費	6,260,000	2,757,000	1%
広報費	8,554,000	3,766,000	1%
営繕宿舎費	34,562,000	11,679,000	4%
人件費・その他	797,997,000	310,657,000	94%
計	847,373,000	328,859,000	100%

出典：「直轄事業の事業計画等（大阪府関連分）について」大阪府知事あて国土交通省近畿地方整備局長木下誠也（2009年4月30日）および、「2009年度当初　大阪府における業務取扱費等の具体的内容（水資源機構分）」などより作成

二〇〇九年度分のそれを見ると、既存ダムを含めてもれなく「工事費」が計上されているが、なんの工事なのかはわからない。「管理費」もドンブリ勘定だ。

「より詳細」を大阪府が要求して内訳を出させたが、「車両費」「広報費」「営繕宿舎費」「人件費・その他」と四費目の合計額しか示されていない（図表6―6）。「霞ヶ関文学」では、求めても「出てこない」「出さない」意味は、その資料を「出すと都合が悪いので出したくないので出さないことに決めた」という意味なのである。「さらにより詳しく」と再度求めて出てきたのは「業務取扱費等の具体的内容」なる一枚で、より詳しくなったのは費目の説明で、数字の内訳ではなかった。

負担の九割を占めるのは「人件費・その他」である。その説明は、人件費のほか、職員旅費、日額旅費、備品、図書、消耗品、被服、印刷製本費、通信運搬費、光熱水料となんでもありで、きわめつけは、最下段の注に明記された「金額には、本社や関西支社分を含みます」との記述である。

「本社や関西支社分」とは何を意味するのかと水資源機構関西

支社広報課に問えば、「本社や関西の人件費、備品、図書、消耗品などという意味です」とのことで、要は先述した「審議役」や「上席審議役」などシニアスタッフたちの給与を関西の地方公共団体が負担しているのである。また、「車両費」についての問いは、関西支社から本社扱いとなり、「運転手」の人件費も入ると回答がきた。ちなみに、開示資料で数えると二三人程度の運転手がいる。大阪府民は、「応分の受益者負担」という名目で、本社や関西支社の職員や内部天下りやその運転手、果ては焼け太りした海外業務を行う人員までを養ってきたのである。そしてその業務の実態は先述した通りである。そして、これは大阪府一つの例であり、全国七水系で水資源機構の事業費を負担させられている地方公共団体は、すべて横並びでこの事情を抱えている。

点検業務も外注する管理業務

施設建設が終わり、管理業務に入った各地のダム管理所の仕事ぶりも見てみることにした。利根川水系の施設「霞ヶ浦用水管理所」と「利根川下流総合管理所」の外注業務を見てみると、年一回の「ゲート設備点検」「ポンプ設備点検」など管理業務の基本は外注である。霞ヶ浦用水管理所がポンプ管理業務を毎年委託するのは、第四章「ピラミッドの解体」で述べた㈱アクアテルスである。

その霞ヶ浦用水管理所に、なぜ自前で「点検」できる要員がいないのかと尋ねれば、「取材には答える立場にない」と即答はなく、折り返し電話で、「年一回の点検のために集中的に人を張りつけることはできない。物を分解して点検する時には専門業者でなければできない。民間には専門的な機器もある」と回答が返ってきた。

技術集団として集めた総合技術センターの人材は使わないのかと聞くと、「わかりかねる」とこれまた即答はなし。この事務所には、所長のほか、所長代理が二人もいるが、誰一人「取材対応ができない」ので、本社に尋ねてから回答がくる。取材対応ができない管理職が三人いて、ゲートもポンプもその点検を民間委託で行うのに、ラスパイレス指数は地方公共団体よりも約二〇ポイント高いのである。

併任のカラクリと黒塗り資料

地方公共団体に負担を押しつけるカラクリもわかった。併任である。身体は本社にありながら、ダム建設所などにいることにして給与を地方に負担させている。

「負担押しつけ」の実態を明らかにするため、開示請求したのは、総務省が毎年、全独立行政法人に出させる役員と職員の報酬・給与に関する情報の水資源機構の生データである。天下りや厚遇の是正策として、主務大臣が集計し、国家公務員給与と比較するための「ラスパイレス指数」とともに国民に提供するためのものだ。

しかし、開示請求で出た生データのほとんどは真っ黒で、明らかにしたのは職員番号と地域だけ。

年齢、学歴、給与総額などの「個人情報」は多少黒塗りでも理解はできるが、「勤務地」を示す「職位」や「管理職か否か」までが、人事管理に支障を及ぼすおそれがあるとして真っ黒塗りである。

その黒塗り資料を差し出した広報課員に、「身体は本社にありながら、地域にいることにして、給与は地方に負担させていると聞いているんですが」とぶつけると、意外にも、「本社の総務課や人事づけで、実際に勤務しているところと、地域手当が違うことはまああります……」と認めた。なぜそんなことをするのか。その答えを探し求めて、水資源機構への出向経験を持つある本省課長に迫ると、「ダム建設費に負担を乗せないと、本社の人件費まではとても地方公共団体は払ってくれませんから」と白状した。

これが第五章で示した幽霊事業の存在理由だった。極論すれば、ダム建設事業がなくなると、黒塗り厚遇の正規職員や内部天下りの給与を、地方公共団体にツケ回す口実がなくなるということである。それで、目の前で余っている長良川河口堰の水を尻目に徳山ダムの建設に走るわけである。先にできた長良川河口堰の導水路さえできておらず、かつ名古屋市長が撤退を表明したのに、一〇年に一回の渇水のために木曽川水系連絡導水路事業を必要とするわけである。また、幽霊化した丹生ダムの清算が終わらず、利水者のほとんどが撤退した川上ダムの代替案が、国土交通省の「地球温暖化」見解で退けられるわけである。

そのために、内訳を明らかにしない「ぼったくりバーの請求書」が地方公共団体に送られ、当初の政策目的と組織の任務を逸脱した事業まで行って国と地方公共団体にツケを回し、財政を逼迫させてきたわけである。その間、脈々と国土交通省幹部たちは水資源機構に再就職をし、その先の官民の受注事業者へと再々就職を繰り返しているのである。真偽は不明ながらも河川官僚元高官の生涯賃金八億円もこうして編み出されたものであった。

ところで筆者が取材をしている間に内訳を得ることができなかった大阪府では、「さらなる内訳を求めていきたい」としていた。しかし、そうこうするうちに、眉をひそめる展開が始まっていた。管理費の地方負担が廃止されたのである。請求書の内訳を出して「水資源開発促進法」の姿が白日のもとにさらされるよりも、地方負担をなくして、情報を隠しやすい国負担、すなわち全額が「社会資本整備事業特別会計」から交付されることとなったのである。

第七章　根拠法の廃止

第一章で水資源開発促進法の成り立ち、第二章で繰り返された勧告、第三章で改革の失敗、第四章～第六章で、個々のダム事業を止めようとしても止められない理由や、必要性を失ったとわかっていても作り続けることが可能なスキームを見てきた。そのスキームを変革しようとする者はあからさまに排除される（一二四頁、コラム3参照）。ましてや、その根拠となる法律をたとえ一本たりとも廃止しようとすれば、それ以上の困難があるであろうことは想像に難くない（一六八頁、コラム4参照）。

どのような反撃がありえるのか。幸か不幸か、私たち国民にはその疑似体験がある。二〇〇九年のマニフェストで謳われた「コンクリートから人へ」の象徴「八ッ場ダムの中止宣言」の後に何が起きたかである。メディアではほとんど取り上げられなかった事象をおさらいしておくことにする。

ひな形のある「世論」

抵抗は「住民」の顔で現れた。

二〇〇九年九月一〇日、「八ッ場ダム推進吾妻住民協議会」が設立された。といっても八ッ場ダムの予定地である群馬県吾妻郡《あがつまぐん》長野原町《ながのはらまち》住民主導の会ではない。群馬県知事や県議が〝同席〟して作られた協議会である。

この協議会を司令塔に、用意された二つの世論がある。

一つは議会である。「八ッ場ダム建設事業の継続を求める意見書」が、長野原町を含む吾妻郡の七町村議会（東吾妻町、嬬恋村、六合村[*1]、長野原町、中之条町、高山村、草津町）で相次いで可決された。

この意見書にはひな形があった。それは「吾妻郡町村議会議長会」会長を務める中之条町議会の生須秀彦・議長（当時）名で、「別紙内容を参考として、貴町議会の事情に沿った内容に文面を変更いただき、ご議決の上、総理大臣、総務大臣、国土交通大臣あて意見書の提出について、ご配意いただきたくお願い申し上げます」との依頼（二〇〇九年九月一一日付）とともに各町村に届き、七町村のすべての議会はそれに応じた。

七議会の中で、八ッ場ダム建設継続の意見書に反対した議員は三人しかいなかった。[*2]

その一人、長野原町の牧山明・（無所属）町議は、長野原町議会に九月一七日に提出された意見書に「生活再建については賛成です。しかしダム本体着工については取り除いていただきたい」と異議を申し立てた。「町民の一定数は反対です。その声を今代弁しなければならない。〝村八分〟も誤解もあるだろうが覚悟の上だった」と、その心境を語った。

ほか二人は長野原町の上流側にある草津町の桜井伸一・（無所属）町議および羽部光男・（共産党）町議である。桜井町議は「草津町ではもう15年ぐらい前からダムなんかどうでもいい。道だけ造ってくれればという話がでるようになっていた」「治水利水には理由がなく、これからも莫大な予算がかかる」と、意見書への反対理由を語った。羽部町議は「吾妻渓谷の景観破壊、ダム予定地の地質問題、完成後の維持費の膨大化」を上げての反対だった。議決が終わり、桜井町議が議員控え室へ戻ると、「伸ちゃんの言う通りだ」と言ってきた町議が複数いたという。[*3] 議決数がそのまま地域の意見ではない。

テレビに映し出される「住民」

もうひとつの世論は住民署名である。八ッ場ダム中止撤回を求める住民署名もまた、先述した九月一〇日に設立された「八ッ場ダム推進吾妻住民協議会」を起点としていた。二〇〇九年一〇月二二日の筆者の取材に、草津町の副町長は、同協議会で、群馬県知事や県議がいる場で住民署名の話が出され、近隣町村としての協力をたのまれたと述べた。署名用紙のコピーも町で行い、自治会を通して署名が集められた。

ダム予定地の長野原町では村八分はけっして過去のことではなく、この住民署名が「踏み絵」になり、政権交代と中止宣言を歓迎した自営業者の販売品には不買運動が起きていた。その不買運動に加わるかどうかはさらなる「踏み絵」となっていた。

テレビ報道では連日、〝町民〟が登場し、ダム湖予定地を見下ろす先祖の墓前で「ダム完成は住民の悲願」とコメントをした。しかし、この〝町民〟はじつは先述の決議された長野原町議会の意見書を共同提案した議員の一人、星河由紀子・町議だった。町議でありながらテレビ出演で〝町民〟を標榜する理由を尋ねると、「議員として言えば議員全体の考えになってしまう」からと答えた。各議員の意見が違うことぐらい視聴者はわかるのではないかと問うと、「深く考えなかった。うっかりしていた」と応じたが、テレビ報道ではその後も〝町民〟なるテロップが繰り返し流された。

長野原町議会では、協議会から協力要請のあった「住民発議」の署名でも、町としてできることがあるのではないかとの質問が行われた。さすがに町当局は、町民にはさまざまな考えがあるとその提案を拒絶したが、行政主導の住民署名を促すことを異常とも思わない空気が町議会を支配していた。

その質問を行った星河町議に「住民発議」の経緯を聞くと、「大臣による突然の中止明言にどう行動を取ったらいいのかわからない住民が相談し、萩原渉県議の考えで集めることになった」と述べた。萩原渉・県議とは自民党の有力議員である。当時、萩原県議は「取材はお受けしていないんです」

（事務所）と、この事実確認に応じなかった。「住民」を標榜する町議や県議が議会決議や住民署名を次々と振りかざす中、二〇〇九年九月二三日、前原誠司・国土交通大臣（当時）は町を訪れた。

テレビ画面はその日、水没予定五地区の「代替地分譲基準連合交渉委員会」萩原昭朗・委員長（当時七八歳）が、ダム中止を撤回しなければ話し合いには応じられないとはねつける場面を映し出した。一方で、ダム中止を歓迎する住民は、大臣がいつどこに来るのかすら知らされず、大臣との「意見交換会」の中止だけが告げられていた。

町の有力者の意に反する住民感情は密かにしか囁かれなかった。ダム中止を望んでいたある反対住民は、「本当に止まるとは思わなかった」と動揺を隠さなかった。

またある反対住民は「中止反対署名には署名をした」と語った。なぜならば、中止反対をしておかなければ、何ももらえずに中止にされてしまうからだと語った。

水没地域外で自営業を営むある長野原住民は、「たとえば雪に閉ざされる冬になると日雇いで土木の仕事をもらって車を買う。公共事業があればヨソへ出稼ぎに行かなくてすむ」など、家族親戚の誰かしらがダム事業に生活を依存しているから声を出せない住民が多いのだと語った。長期化したダム事業は、それそのものが生活の糧となる。

「水源地域対策特別措置法」に基づき、ダム予定地自治体には、地元対策として土地改良、治山、道路、下水道などありとあらゆる公共事業メニューが用意される。「八ッ場ダム水源地域整備計画」の場合は、計六一種、九九七億円分に及ぶ。住民に同情を寄せたあるテレビ番組では、水没予定地区代表として出演した〝住民〟にその心情を語らせたが、その人物が地すべりや地下水位観測などを年間毎年一〇〇〇万円単位で受注してきた八ッ場ダム関連事業者社長[*4]であることは知ってか知らずか報道しなかった。地元から激しく噴出した「中止への反発」報道は、マスメディアが「つかまされた」情報に基づいていた。

自民党群馬県支部連合会幹事長の南波和憲・県議の夫人が社長を務める南波建設㈱は、年一億円を超す八ッ場ダム関連事業を受注している。またダム予定地直下に位置する東吾妻町の町長選に出馬した候補者の一人は池原工業㈱の元専務で、この事業体による二〇〇一〜二〇〇六年八ッ場ダム関連事業の受注額は一一億八〇〇〇万円だった。それぞれの思惑と生活をかけて世論は作られていた。

法手続で追及する建設官僚ＯＢ議員

国会でも、「八ッ場ダム中止宣言」叩きは激しかった。

脇雅史・（自民党）参議院議員は、八ッ場ダム中止反対の急先鋒として国会質問に立った。建設省近畿地方建設局長を退官して、参議院議員になった官僚ＯＢである。脇議員はダム計画を中止させる法手続に詳しくない前原誠司・国土交通大臣（当時）を参議院の国土交通委員会で追及した。そして、大臣答弁として、「関係都県等の御理解を得るまでは八ッ場ダムの基本計画の廃止に関する法律上の手続は始めない」と言わせ、頓挫を決定づけるきっかけを作った一人である。

ここでいう「基本計画」とは「特定多目的ダム法」に基づくものだ。特定多目的ダム法は、ダム事業の内容や事業負担、工期を定めたものである。その第四条四項に「国土交通大臣は、基本計画を作成し、変更し、又は廃止しようとするときは、あらかじめ、関係行政機関の長に協議するとともに、関係都道府県知事及び基本計画に定められるべき、又は定められたダム使用権の設定予定者の意見をきかなければならない。この場合において、関係都道府県知事は、意見を述べようとするときは、当該都道府県の議会の議決を経なければならない」と書かれている。

この起点は「廃止しよう」という国土交通大臣の意思にあり、中止宣言と並行して行われるべき法手続である。関係大臣と協議し、関係知事や受益予定者の意見を聴くが、その際、知事は議会の議決を得てから意見を言わなければならない。その意味で知事の意見は重い。

しかし、議会と知事意見と大臣意見が常に一致することはありえない。意見の相違がある場合、法律の「主語」は誰か、その「主語」に法定された人物が、異なる意見を聴いたうえで判断をする手順が法律には書かれている。決定を行うのは大臣である。そうでなければ、国税を預かる政権与党としての主体的な国家運営は不可能である。国権の最高機関たる国会に国民によって選出された議員が選出した内閣総理大臣に任命された人物が「国政」として下す決定によって、政策転換は始まるのである。

転換が起きなければ政権交代の意味もない。

ところが、追及を受けた前原・国土交通大臣（当時）は、「関係都県等の御理解を得るまでは八ッ場ダムの基本計画の廃止に関する法律上の手続は始めない」と、法手続でも求められていない、「関係都県等の御理解」を裁量で入れてしまい、自ら手続のハードルを上げ、基本計画の廃止手続に入れなくしてしまった。

抵抗勢力による国会質問と追及に耐えられるだけの精神力と法解釈力、および関係大臣、関係知事、そして関係住民とのコミュニケーション能力がある者が行政機関の長にならなければ、誰が政権を取ろうとも、マニフェストを掲げて選挙を行う意味はない。

政策転換とは、法手続と決断の連続である。法改正か法の運用でしか政策転換はなしとげられない。長野原町で八ッ場ダム中止を望んでいた一住民でさえ、「中止反対をしておかなければ、何ももらえずに中止にされてしまうからだ」と、住民署名で「駆け引き」をしていたのに比べ、この国の大臣は、「政治」とは何か、法運用とは何かを理解していなかった。

政治献金と八ッ場ダム

執拗に続いた自民党議員からの追及が止んだのは二〇一〇年三月以降である。二月二四日、衆議院国土交通委員会では次のような質疑が、民主党議員（当時）から行われた。

中島正純・衆議院議員「八ッ場ダム事業受注者からの政治団体に対する献金の一覧表。これは三年間でございます。最近の直近三年間だけで、群馬県の議員に対して四千九百二十五万円の献金がなされております。（略）落札率が九五％以上の件数が二百六十四件中百八十件あるということでございます。（略）群馬県選出の議員に献金をしている業者の工事の受注回数が非常に多いことがわかります。（略）番号三十八の南波建設株式会社、これは、群馬県の自民党県議会議員で、自民党群馬県連の幹事長南波和憲議員の奥さんが代表取締役を務める会社です。この会社は、平成十三年度から二十年度の間に二十一回も受注をしております。（略）

次に、資料二の一ページ目をごらんになってください。番号一のＪＶ受注の中に入っている佐田建設、ＪＶ受注なので四社の合計ですが、十八億七千九百五十万円の受注をしております。この佐田建設は、自民党の佐田玄一郎衆議院議員の祖父に当たる元参議院議員佐田一郎さんが設立された会社で、平成十六年四月まで佐田玄一郎議員のお父さんが代表取締役をしていた親族会社です。

さらには、八ッ場ダム受注業者から、群馬県選出の議員に多くの献金が行っております。ここで総務省選挙部長にお伺いいたします。業者から、小渕優子衆議院議員が代表を務める自民党支部と小渕優子衆議院議員と関連が深い自由民主党群馬県ふるさと振興支部には、最近の三年間、平成十八年から二十年の間でどれだけの寄附がなされていたのでしょうか。（略）同じく、中曽根弘文参議院議員が代表を務める自民党支部には、最近の三年間、平成十八年から二十年の間でどれだけの寄附がなされていたのでしょうか」

同様の質疑は、衆議院国土交通委員会で二〇一〇年三月五日にも行われ、群馬県選出の自民党議員らが八ッ場ダム関連企業からいかに多くの政治献金を受けていたかが次々と名指しで明らかにされていった。しかし、この追及は二回で終わる。また同時に、八ッ場ダム中止宣言をした前原大臣(当時)への追及も止んだのである。筆者の耳にはその二つは「互いに追及を止める」バーターであったとの話が入ってきた。

ダム推進マニュアル

㈶日本ダム協会の報告書の執筆陣はゼネコンの社員たち

その年の末、二〇一〇年一二月、㈶日本ダム協会が、「ダム事業の是非論に関する調査報告書案」を発表し、ダム業界関係者に配布した。新たな展開が始まっていた。

その「まえがき」には、国内の社会資本整備は「これ以上は不要」という論調が民主党やマスコミの間で叫ばれ、中でも「ダム事業への風当たり」が厳しいとある。それはダムがこれまで治水や利水に果たしてきた役割が「一般には全く知らされていない」からで、「社会に対して積極的に情報を発信すべき」だとしている。そこで、報告書は「ダム施工技術者がダムの是非、ダムの必要性などについて質問された時に正しく説明できることを念頭において」収集、整理した資料集だと書かれている。

つまりは「ダム推進マニュアル」である。A4判一八三頁に及ぶ。

中身は、「第一章　総論」「第二章　治水」「第三章　利水」「第四章　環境」から構成され、タイトルで「是非論」と謳ってはいるが、非論に触れているのは「第一章」のみ。「第二章」と「第三章」は是論のみで、国土交通省資料のコピー&ペーストである。

「第四章」は富栄養化現象、濁水の長期化、堆砂など、ダムによる環境悪化への対策が書いてある。しかし、たとえば、排砂ゲートからの排砂で富山湾の漁場が汚れ、漁協に訴えられた事件までは触れていない。また、利根川の支流、吾妻川の酸性水に石灰石を投入する水質改善技術をアピールしているが、それによって中和沈殿物が大量に発生し、処分をめぐり問題が起きていることや、環境基準を超えるヒ素が副産物として検出され、㈶ダム水源地環境整備センターがその調査結果を隠蔽したことも書かれてはいない。

「あとがき」には、「ご助言を賜りました虫明功臣先生、国土交通省関東地方整備局、(独)水資源機構、㈶ダム水源地環境整備センターおよび㈶ダム技術センターほか多くの皆様に厚く御礼を申し上げます」との謝辞がある。

「虫明功臣先生」とは、第一章で述べた国土審議会水資源開発分科会で長年、委員長を務めた学識者（図表1―6）、㈶ダム水源地環境整備センター[*5]（図表4―2）と㈶ダム技術センター（図表4―3）は、国の事業を毎年欠かさず受注する利害関係者である（第四章）。

その助言を受けて執筆したのは全員が建設業者の所属である。以下の業者から一人ずつ執筆者を出している。これらの所属業者は、水資源機構の民間企業の支出先トップ[*6]や八ッ場ダム関連事業受注者

（図表4-7）とも重なっている。

「ダム事業の是非論に関する調査報告書案」執筆者所属
㈱大林組、鹿島建設㈱、株木建設㈱、㈱熊谷組、佐藤工業㈱、清水建設㈱、大成建設㈱、戸田建設㈱、㈱間組、㈱フジタ、前田建設工業㈱、青木あすなろ建設㈱、岩田地崎建設㈱、㈱奥村組、大豊建設㈱、鉄建建設㈱、飛島建設㈱、西松建設㈱、日本国土開発㈱、㈱福田組、松尾建設㈱、三井住友建設㈱

こうした業界が日本ダム協会の報告書作成に協力する背景は想像に難くない。

図表7-1は約五〇万業者いる建設業者から約一一万業者を抽出して一年間に行った官民の建設工事の完成工事高の経年変化を示したものだ。凡例の「○」が各年に完成した官民の工事高、凡例「●」がそのうち元請けの工事高を示している。凡例「○」と「●」の差は下請けの工事高で、最新の二〇一〇年で見ると、完成工事高七二兆四八三七億円のうち、元請けがその六割強の四六兆九九六六億円を受注し、その差が下請けの取り分だ。

「▲」は完成した元請けの工事分「●」のうち公共事業分で、一九九六年の三二兆四六八九億円をピークに、二〇一〇年はその四割（一三兆六四四三億円）に落ちている。官民・元請け下請けを合計した完成工事高で見れば、一九九六年の絶頂期一四二兆九一一七億円が七二兆円四八三七億円と衰退に

図表7-1　官民の完成建設工事高

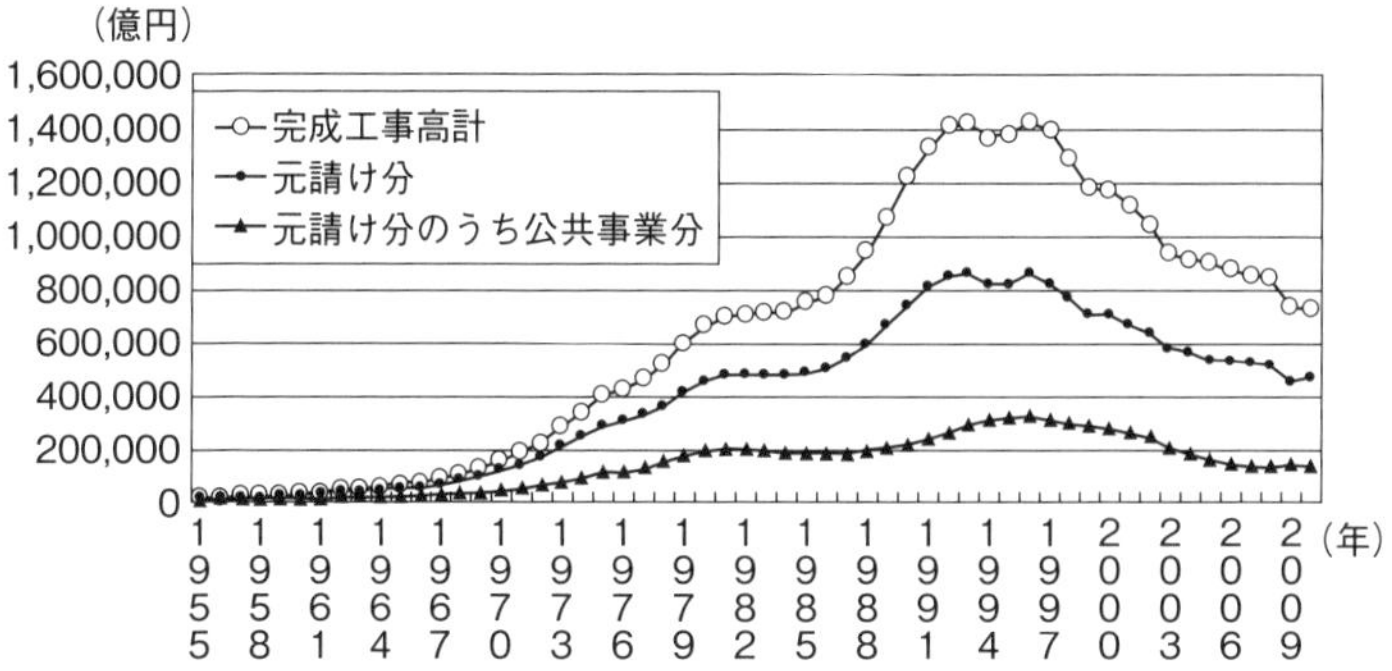

出典：「発表建設工事施工統計調査」（国土交通省総合政策局情報政策課建設統計室、2012年3月30日発表）より作成

向かっている。業界が衰退を食い止めたいと考えて当然だ。

これは、政治家の目には、小中大の建設業者よる雇用の問題であり、票田である。これといった産業がない地域では、建設業による票が力を持ち、事業の中止につながる政策は、票田の縮小を意味する。

水資源開発促進法廃止にあたっては、業種転換と時代の見きわめを促すコミュニケーションが必要である。

『ダム不要論を糾す――八ッ場ダム建設中止は天下の愚策』

八ッ場ダム中止だけに焦点を当てた書籍も出た。『ダム不要論を糾す――八ッ場ダム建設中止は天下の愚策』（建設人社、二〇一一年三月）は政権批判と、八ッ場ダム中止方針をめぐる民主党政権の混乱への嘲笑を基調にした書籍である。

著者紹介では触れていないが、執筆者は国土交通省の河川官僚ＯＢ三人だ。一人は本省の河川局開発課出身で㈶ダム水源地環境整備センター（図表４－２）の現役技術参与、一人は国土交通省霞ヶ浦河川事務所元所長、もう一人が関東地方整備局河川環境課元課長である。元職の経歴を書かないことに「特に意味はない」（第一執筆者）と言う。

現在は、ネット通信販売で買うこともできるが、発刊当初、同書の編集者は「書店売りもしない。アマゾンでも売らない。おつき合いのある行政、コンサルタントにだけ売る」と述べていた。国土交通省、関東地方整備局の関係部署、国土交通省霞ヶ浦河川事務所に聞くと、（購買の）「依頼は聞いたこともない」、水資源機構本社（広報課）は「業務に参考になる本は『ダム不要論を糾す』に限らず、メールや口頭で情報共有はしています」と回答した。

そこで「奉加帳方式」で公的機関に税金で購入をさせていないか、会計検査院に確認した。会計検査院の計算証明規則第二条により、会計検査の対象となる省や団体は、「その取り扱った会計経理が正確、適法、妥当であることを証明するため」すべての領収書を提出しなければならないからである。個別事案について回答をもらうことはできないことがわかったが、アマゾンで売られるようになったのはその後である。

元技監と官房長官裁定と万歳三唱

国会と地方議会、〝住民〟、天下り法人、河川官僚ＯＢ、建設業者、出版が結束し、反発は波状攻撃のように押し寄せた。ここではしょるが東京、埼玉、群馬県知事をはじめとする関係一都五県による抵抗も相まった。

そして、民主党の八ッ場ダム中止宣言は、二〇一一年末、ついに民主党内でさえすっきりと貫くことができなくなった。

序章で掲げた「今後の治水対策のあり方に関する有識者会議」が、国土交通省自らが出した継続方針を一二月七日に追認し、民主党がそれを政権与党としてどう扱うかを判断する席で、一部の議員から「八ッ場ダム中止」への反対があったからだ。一部とは建設省道路局長から技監になり、退官して自民党議員から民主党に転じた沓掛哲男・衆議院議員および、建設省出身の前田武志・国土交通大臣(当時)の秘書をかつて務めた大西孝典・衆議院議員であった。

中止反対の理由を尋ねた筆者に沓掛議員は、「ダム事業は時間がかかるから」、大西議員は「住居移転が終わっている段階で中止は許されない」と回答した。民主党の見解は官僚OBと、住民移転は完了していないという事実を知らない比例区近畿ブロック選出議員の意見に影響されていた。

国土交通大臣を辞し民主党政策調査会長となった前原誠司・衆議院議員は、二〇一一年一二月九日、その政策調査会国土交通部門会議で八ッ場ダム中止を貫くべきと主張をした議員たちから提示された問題を、「党」意見として藤村修・官房長官に提示し、「部門会議から出された問題について政府回答を求め、それが明確にならない間はダムの本体工事に入ることは容認できない」と申し入れた。国土交通省方針と党方針が食い違った事態となり、一二月二二日、藤村官房長官は前田武志・国土交通大臣（当時）と前原誠司・民主党政策調査会長の二人に対し、①利根川水系に関わる「河川整備計画」の策定、②「ダム建設予定だった地域に対する生活再建の法律」の提出、および③「八ッ場ダム本体工事については、上記二点を踏まえ、判断する」との裁定を発し、午後三時二六分から記者会見を行った。

ところが、前田大臣（当時）は、この「裁定」がなかったかのように、「午後二時前に行われた国土交通省政務三役会議においてですね、八ッ場ダムの事業を継続を決定致しました」と午後四時五一分開始の記者会見で発表した。その日の午後八時には長野原町で、高山欣也・長野原町長、大澤正明・群馬県知事、萩原昭朗・代替地分譲基準連合交渉委員会委員長を最前列に、県議バッチをつけた自民党議員たちが万歳三唱をする中、前田大臣（当時）は「これからがスタートです」と頭を下げ、八ッ場ダム再開を印象づけた。

しかし、藤村修・官房長官は、先述の会見で、大臣と政調会長が（裁定の）「文章を一言一句その通り、それぞれが受け入れられた」と述べており、正確に読めば、八ッ場ダム本体工事は、①②を踏まえてから判断するというのが政府方針である。万歳三唱は、裁定によってシナリオが変わった後も、それを想定していなかった大臣が演じざるをえなかった茶番である。

廃止をしても困らない

第二章（図表2-4）で表したように、新規事業をすべて止めても、維持管理事業は派生する。税収が減り、増税分が社会保障費に費やされれば、無駄を省いた維持管理事業のやり方への変更が必要である。二〇一〇年の事業仕分け[*7]の対象となった際には、水資源機構は、「水資源機構にしかできない」業務があると強調した。それは「ゲート操作」と水利の「調整」であるとした。しかし、これは事実と異なっていた。

二〇一一年行政事業レビュー事業番号一八七[*8]に出てきた数々の管理業務委託がそれを物語っている。水資源機構総務課から情報提供を受けたその内訳支出先を見ると、「水資源機構にしかできない」と言っていた業務が、国土交通省や自治体、土地改良区などに随意契約で委託されていることがわかった。

こうした業務委託のほかに、水資源機構にはできないために民間委託をしている「点検」などの事業があることも第六章で書いた。さらには利根川水系の矢木沢ダムでは東京電力が発電放流管を通してゲートを操作し、水資源機構は行っていない。木曽川水系の岩屋ダムでは中部電力が、吉野川水系の早明浦ダムでは四国電力が操作を行っている事実もある。地方公共団体にも国土交通省にもそれぞれのダムの管理実態も技術もあり、ダムの管理業務やゲート操作が水資源機構しかできないという論

図表 7-2　水資源機構が「水資源機構しかできない」と主張しながら委託していた管理業務例

委託先	委託費（百万円）	委託内容
国土交通省関東地方整備局	690	利根川水系ダム群の統合管理業務委託、霞ヶ浦開発に関する施設の管理業務委託等
国土交通省近畿地方整備局	591	淀川水系ダム群の統合管理業務委託、瀬田川洗堰の改築により生じた施設の管理業務委託、淀川大堰等施設維持管理業務委託等
千葉県	371	房総導水路施設（国営両総共有施設）及び成田・北総東部・東総用水施設の管理委託費等
国土交通省四国地方整備局	239	吉野川水系ダム群の統合管理業務委託等
国土交通省九州地方整備局	136	筑後川水系ダム群の統合管理業務委託等
国土交通省中部地方整備局	133	木曽川水系ダム群の統合管理業務委託等
愛知県用水土地改良区	74	末端支線水路施設整備業務、揚水機場管理業務等
北総東部土地改良区	37	施設管理業務委託
成田用水土地改良区	32	成田用水施設操作業務等
群馬用水土地改良区	28	群馬用水揚水機場操作業務等
見沼代用水土地改良区	23	見沼代用水路当分水口・調節堰操作業務等
筑後川土地改良区	14	筑後下流用水施設操作業務等

出典：「2011 年行政事業レビューシート事業番号 187」のうちの「E. 地方公共団体等への支出」と「F. その他の支出」につき水資源機構総務課より入手した支出内訳から管理業務委託事業を抜粋して作成

理はもはや成り立たない。

図表7-2に示した業務委託については、筆者の問いに対し、「委託者が水資源機構施設管理規定や国土交通大臣と水資源機構理事長が締結している協定等に基づいて行っている」と書面で回答している。

こうした業務を地方公共団体または国土交通省に「分権（分・利権）」し、水資源機構をトンネルさせずに直接行えば、水資源機構の存続のためだけに支払われている地元負担の九割に相当する人件費・その他（図表6-6）を自治体の側では削ることができる。またそうしたツケ回しをカモフラージュするために続けられている不要な新規事業も止めることができる。

水資源開発促進法とその実行部隊として設立された水資源機構、そしてその根拠法である独立行政法人水資源機構法は、その担当部署である国土交通省水管理・国土保全局水資源部および所管公益法人とともに使命を終えることができる。

コラム4

政策の完了と法律の失効・廃止例

一つの政策の完了と法律の失効・廃止については、水資源開発促進法や水資源開発公団と同時期に成立・設置された「産炭地域振興臨時措置法」および「産炭地域振興事業団法」の失効・廃止の例が参考になる。

産炭地域振興臨時措置法は、一九六一年に「産炭地域における鉱工業等の急速かつ計画的な発展と石炭需要の安定的拡大」を目的に立法され、翌一九六二年には産炭地域振興事業団が設立された。

そのスキームは水資源開発促進法と似ており、産炭地域を指定し、改訂を繰り返しながらも、審議会の意見を聞いて産炭地域振興基本計画を立て、その実行部隊として産炭地域振興事業団がそれを押し進めるというものだった。

二〇〇〇年通常国会で、「石炭対策の目的を達成することができる状況に至った」として深谷隆司・通商産業大臣（当時）によって「石炭鉱業の構造調整の完了等に伴う関係法律の整備等に関する法律案」が提出され、その使命を終えた。

これは、産炭地域振興臨時措置法を二〇〇一年に失効させ、法失効にともなう激変緩和措置を設け、失効までに着手される特定公共事業に関する国の負担に関する特例措置を二〇〇六年まで継続することを定めたものだ。

同時にこの時、「石炭並びに石油及びエネルギー需給構造高度化対策特別会計法」の一部改正で「石炭勘定」を廃止し、二〇〇六年度まで借入金の償還を経理するための勘定を設置した。さらに、石炭対策のためにあった一連の法律である、「臨時石炭鉱害復旧法」「石炭鉱業構造調整臨時措置法」「炭鉱労働者等の雇用の安定等に関する臨時措置法」「石炭鉱害賠償等臨時措置法」「石炭鉱業経理規制臨時措置法」「産炭地域における中小企業者についての中小企業信用保険に関する特別措置等に関する法律」の二〇〇六年度末までの廃止を定めた。

　石炭地域を振興するために国費を投じた四〇年の幕を閉じた。

　ただし、二〇〇〇年度と二〇〇一年度に「産炭地域活性化事業費補助金」合計一五〇億円が、あたかも手切れ金のように北海道、福岡県、長崎県、熊本県に対して交付された。㈶長崎県産炭地域振興財団のように、その事務局が二〇一二年四月になりようやく長崎県産業振興課内に移転したものもあれば、㈶福岡県産炭地域振興センター、㈳北海道産炭地域振興センターのように現在も存続している例もある。

　国策を完了させるだけでなく、地域における新しい経済産業政策（たとえば自然エネルギー政策など）を加速させることの重要性を考えるうえで、この例は参考になる。

　なお、この政策の「適正化」を求めたのは一九八三年の土光臨調（第三章）だった。抵抗の記録をたどることはできないが、「適正化」までに二〇年近くが経過したことになる。

注

序章

＊1　「人事院規則八―一二（職員の任免）」http://law.e-gov.go.jp/htmldata/H21/H21F22008012.html

＊2　まさのあつこ『治水対策有識者会議開催　完全非公開、見えない審議』週刊金曜日、アンテナ、二〇〇九年一二月一一日号

＊3　『「今後の治水対策のあり方に関する有識者会議」に関する質問主意書』（中島政希・衆議院議員提出）に対する政府答弁（二〇一二年三月一三日）で、有識者会議の公開について、二〇〇九年一二月一日付け、同月二八日付け、二〇一〇年一月六日付け、同月一四日付け、同年二月八日付け、二〇一一年四月二六日付け、同年八月二九日付け、二〇一二年二月二一日付け、同月二三日付け、同月二六日付け及び同年三月一日付けで、文書により要望があったと記している。質問主意書とは、衆議院議員もしくは参議院議員による文書による国会質問で、政府答弁は首相名で衆議院議長もしくは参議院議長に対して行われる。

＊4　まさのあつこ『インタビュー「コンクリートから人へ」をいかに実現するか　前原誠司国土交通大臣の試行錯誤、その肉声を聞く』「世界」二〇一〇年四月号、岩波書店

第二章

＊1　会計検査院「昭和五八年度決算検査報告」http://report.jbaudit.go.jp/org/s58/1983-s58-0187-0.htm（二〇一二年八月一八日参照）

＊2　会計検査院「平成六年度決算検査報告」http://report.jbaudit.go.jp/org/h06/1994-h06-0388-0.htm（二〇一二年八月一八日参照）

＊3　会計検査院「平成二一年度決算検査報告」http://report.jbaudit.go.jp/org/h21/2009-h21-0664-0.htm（二〇一二年八月一八日参照）

＊4　河川維持流量は、流水の占用、舟運、漁業、観光、流水の清潔の保持、塩害の防止、河口の閉塞の防止、河川管理施設の保護、地下水位の維持、景観、動植物の生息地又は生育地の状況、人と河川との豊かな触れ合いの確保等を総合的に考慮して確保されるべき流量であると河川法施行令第一〇条で定められている。

＊5　河川環境の改善の効果として、CVM（＝仮想的市場評価法〈Contingent Valuation Method〉＝アンケートなどを用いて事業効果に対する住民などの支払意思額を把握して、それを便益として計算する手法）などによる便益を算定するなど。

＊6　会計検査院はここに紹介した五回の指摘のほか、河川事業については、一九七七年に大滝ダムおよび川辺川ダムについて、一九九八年には河川改修事業の実施について、二〇〇〇年には都市部で実施されている統合治水対策について、二〇〇三年には高規格堤防整備事業の実施について指摘を行っている。

＊7　「水資源に関する行政評価、監視結果に基づく勧告（要旨）」（二〇〇一年七月六日）http://www.soumu.go.jp/hyouka/010706_1.htm（二〇一二年八月一八日参照）

＊8　第三章で述べる「政策評価法」に基づくもので、二つ以上の行政機関にまたがる政策や、他省からの要請があった時には、総務省も政策評価に乗り出せる。それ以外の政策は自己評価で行われることになった。

＊9　行政刷新会議ワーキングチーム「事業仕分け」第一WG、二〇〇九年一一月一三日、事業番号一―二三議事録 http://www.cao.go.jp/sasshin/oshirase/h-kekka/pdf/nov13gijigaiyo/1-23.pdf（二〇一二年八月一八日参照）

第三章

＊1　土光臨調の前身である「第一次臨時行政調査会」（会長、佐藤喜一郎・三井銀行会長）は、高度経済成長を遂げている最中に設置された。池田内閣のもと成立した臨時行政調査会設置法（一九六一～一九六四年三月三一日ま

での時限立法）に基づいた法定機関だった。

＊2 この時、国土庁関係法人として「産炭地域振興業務について」として地域指定の解除などが答申されており、その根拠法である「産炭地域振興臨時措置法」および「産炭地域振興事業団」が後に廃止された。これについては第七章で触れる。

＊3 二〇〇一年に開催された「土光臨調二〇周年記念講演会」（主催：㈳行革国民会議）にて。亀井氏は、国鉄分割民営化のために「国鉄再建監理委員会」委員長を務め、講演会当時は住友電工相談役だった。【参考】行革国民会議ニュース№.一二五　二〇〇一年八・九月号、㈳行革国民会議

http://www.mmjp.or.jp/gyoukaku/news/news125.pdf（二〇一二年六月二日参照）

＊4 行政改革会議「最終報告」一九九七年一二月三日

http://www.kantei.go.jp/jp/gyokaku/report-final/（二〇一二年八月一八日参照）

＊5 内閣法の一部を改正する法律案、内閣府設置法案、国家行政組織法の一部を改正する法律案、総務省設置法案、郵政事業庁設置法案、法務省設置法案、外務省設置法案、財務省設置法案、文部科学省設置法案、厚生労働省設置法案、農林水産省設置法案、経済産業省設置法案、国土交通省設置法案、環境省設置法案、中央省庁等改革のための国の行政組織関係法律の整備等に関する法律案、独立行政法人通則法案及び独立行政法人通則法の施行に伴う関係法律の整備に関する法律案（以上、内閣提出）

＊6 一九九九年五月一八日衆議院本会議で、「国の機関の独立行政法人化を行うこと等により、行政の透明化及び効率化を図る」ものと説明された。

＊7 http://soumu.go.jp/main_sosiki/gyoukan/kanri/pdf/satei_01_04_02.pdf（二〇一二年八月一八日参照）

＊8 「行政改革大綱」二〇〇〇（平成一二）年一二月一日閣議決定。

http://www.gyoukaku.go.jp/about/taiko.html（二〇一二年八月一八日参照）

＊9 「行政評価」ともいう。

＊10　二〇〇一年六月二九日、原陽子・衆議院議員提出。

＊11　当時、衆議院調査局の調べで衆議院における審議では四六法人中一〇法人が一度も一人の議員によっても取り上げられずに可決成立したことがわかった。

＊12　二〇〇二年一一月一四日衆議院特殊法人等改革に関する特別委員会での、原陽子・衆議院議員の質問。

第四章

＊1　国家公務員法では第七十三条（能率増進計画）で、「職員のレクリエーションに関する事項」「職員の厚生に関する事項」と称して公金の支出を認めている。ところが、総務省の「独立行政法人の諸手当及び法定外福利費に関する調査結果」（二〇〇九〈平成二一年〉一二月九日）によれば、鉄道建設・運輸施設整備機構が一三億五五〇〇万円、水資源機構が八億円、都市再生機構が六億八〇〇〇万円の法定外の福利厚生費を二〇〇九年度予算から支出したことを山下栄一・参議院議員は取り上げた。

＊2　国土交通大臣は同日の参議院決算委員会で、「先ほど山下議員に平成二十二年六月末をもって水資源機構を解散すると申し上げましたが、正しくは水資源協会でございまして、訂正をさせていただきます」と自ら訂正した。

＊3　河川法は治水、利水、環境保全の三つを目的として、河川管理者（一般的には一級河川の管理者は国、二級河川は都道府県）が河川を管理するためのルールを定めた法律である。

＊4　河川審議会のほか、中央建設業審議会、道路審議会、公共用地審議会、歴史的風土審議会、都市計画中央審議会、住宅宅地審議会、建設審議会、国土開発幹線自動車道建設審議会の九審議会が一括りにされた。

＊5　二〇〇七年六月一四日、保坂展人・衆議院議員（当時）提出。

＊6　二〇〇七年一〇月二九日、衆議院第一議員会館で集会「川を住民の手に！　国会シンポジウム2—ダム問題をあらためて問う—」が、超党派の議員連盟「公共事業チェック議員の会」および市民団体「水源開発問題全国連絡会」によって開催された。

＊7　「河川流出モデル・基本高水の検証に関する学術的な評価について（依頼）」国河計調第一三号二〇一一年一月一三日、国土交通省河川局長。
http://www.scj.go.jp/ja/member/iinkai/bunya/doboku/takamizu/pdf/haifusiryou01-2.pdf

＊8　二〇一一年四月二七日に国土交通省河川局河川計画課に取材、同年五月六日に国土交通省関東地方整備局から回答。

＊9　衆議院行政改革に関する特別委員会における田島一成・衆議院議員による質問で、第四十八条に書かれている「他の官職に任用すること」で生じる可能性のある労働問題は誰が対処するのかとの問いであった。山口泰明・内閣府副大臣がこの質問に加える形で、「これに加えまして、公共サービス改革法案では、本人の同意のもとで、公務員を退職して、落札した企業に一定期間雇用され公共サービスに従事した者が再び公務員として採用された場合における退職手当の計算方法の特例までも見込んでいるところでございます。御安心をいただければと思います」と「その他」の部分を解釈した。

＊10　その場合の「国家公務員退職手当法の特例」（第三十一条）も用意したとの答弁も加わった。

＊11　二〇〇八年一二月五日に武正公一・衆議院議員が提出。二〇〇八年一二月一六日に麻生太郎・内閣総理大臣名で答弁。

＊12　『「お役所仕事」から「国民本位の公共サービス」へ―公共サービス改革報告書（2006〜2009年）―』（二〇〇九年五月一五日）官民競争入札等監理委員会 http://www5.cao.go.jp/koukyo/kanmin/service/pdf/houkoku1.pdf（二〇一一年八月一八日参照）

＊13　二〇〇九年九月三〇日公共サービス見直し案「国土交通省」http://www5.cao.go.jp/koukyo/minaoshi/minaoshi.html（二〇一一年八月一八日参照）

＊14　行政刷新会議ワーキンググループ「事業仕分け」WG-A「水資源機構」（二〇一〇年四月二八日）議事録 http://www.cao.go.jp/sasshin/shiwake/detail/gijiroku/a-20.pdf（二〇一一年八月一八日参照）

第五章

＊1　㈶日本ダム協会による集計。

＊2　一九九八年に愛知県知事と県出納長を被告に、三四人の愛知県民が名古屋地方裁判所に提訴、一九九九年には三重県知事と県出納長を被告に、一〇人の三重県民が津地方裁判所に提訴した。それぞれ①工業用水に需要があるか。②工業用水道事業は経営が成り立つか。③水源計画、水源費用負担、支払いのための公金支出の違法性。④一般会計から工業用水道事業特別会計への支出差止などを争った。また、一九八二年に岐阜県民二〇人が水資源開発公団を被告に岐阜地方裁判所に、①堰による河川環境への影響、および高潮時、津波時の危険性、②水需要の必要性などを争点に提訴した。

＊3　二〇一二年八月現在八ッ場ダム（群馬県）、思川開発事業（栃木県）、湯西川ダム（栃木県）、成瀬ダム（秋田県）、設楽ダム（愛知県）、霞ヶ浦導水路事業（茨城県）について住民訴訟が進行中である。

＊4　愛知県「県財政の状況」二〇一二年五月 http://www.pref.aichi.jp/cmsfiles/contents/0000013/13574/p1-p7.pdf（二〇一二年八月一八日参照）

＊5　徳山村については『増山たづ子　徳山村写真全記録』（影書房、一九九七年）、ドキュメンタリー映画「水になった村」（大西暢夫監督、二〇〇七年）に記録画像、映像として残っている。

＊6　淀川水系河川整備計画原案についての補足資料「水需要の抑制に向けての考え方」http://www.yodoriver.org/kaigi/iin/74th/pdf/iin74th_ss01.pdf（二〇一二年八月一八日参照）

＊7　淀川水系河川整備計画（二〇〇九年三月三一日近畿地方整備局）http://www.yodogawa.kkr.mlit.go.jp/seibi/pdf/kei_keikaku.pdf（二〇一二年八月一八日参照）

＊8　まさのあつこ『ダムと地すべりに浪費される巨費』「世界」二〇〇八年一二月号、岩波書店

＊9　まさのあつこ『第四章　浅間山の下流にダムを造るとどうなるか』岩波ブックレット№６４４「八ッ場ダムは止まるか　首都圏最後の巨大ダム計画」八ッ場ダムを考える会編、二〇〇五年二月

第六章

＊1　「地方公務員の給与水準」http://www.soumu.go.jp/iken/kyuyo.html。「独立行政法人の役職員の給与等の水準（二〇一〇年度）」（二〇一一年九月二日）http://www.soumu.go.jp/main_content/000127222.pdf（双方とも二〇一二年八月一八日参照）

＊2　独立行政法人整理合理化計画（二〇〇七年一二月二四日閣議決定）七八～七九頁では、「本社、支社・局、事務所ごとの要員配置計画を作成し、計画的に要員配置の見直しを行う。また、当該計画とあわせ出先機関の統廃合を進めること等により、その配置についても計画的に見直しを行う」とされていた。http://www.gyoukaku.go.jp/siryou/tokusyu/h191224/gourika_zentai.pdf（二〇一二年八月一八日参照）

＊3　長島一由・衆議院議員の入手資料。

＊4　鈴木宗男・衆議院議員二〇〇八年一〇月一七日提出「国土交通省における公用車運転業務の偽装請負に関する質問主意書」に対する政府答弁（二〇〇八年一〇月二八日）では「偽装請負」を次のように定義している。「請負又は業務委託と称して労働者派遣契約を締結しないまま労働者派遣を行うものと承知しており、労働者派遣事業の適正な運営の確保及び派遣労働者の就業条件の整備等に関する法律（昭和六十年法律第八十八号）に違反するものと解している」

＊5　事務所からの受託の形式を取るが、実際は受け取った報告書の表紙だけを変えて、各事業所に奉加帳方式で内部販売する錬金術であるとの指摘が筆者のもとには届いているがここでは横へ置く。

第七章

＊1　町村合併で「六合村」は中之条町となっている。

＊2　七議会事務局（当時）に電話取材で確認。

＊3　まさのあつこ「語り始めた住民と旧政権にしがみつくダム流域の自治体」週刊金曜日、二〇〇九年一一月二七日、

七七七号

＊4　長妻昭・衆議院議員が二〇〇六年に入手した資料による。

＊5　二〇一〇年五月二一日の公益法人の事業仕分けへの提出資料 http://www.cao.go.jp/sasshin/data/shiwake/handout/A-36.pdf（二〇一二年八月一八日参照）

＊6　二〇一一年行政事業レビュー・水管理・国土保全局事業番号一八七水資源開発事業 http://www.mlit.go.jp/common/000169118.pdf（二〇一二年八月一八日参照）

＊7　二〇一〇年四月二八日の独立行政法人の事業仕分けへの提出資料 http://www.cao.go.jp/sasshin/shiwake/detail/2010-04-28.html#A-20（二〇一二年八月一八日参照）

＊8　＊7に同じ。

あとがき——世代間の不公平負担を避けるために

半世紀前に成立した水資源開発促進法を廃止しなければならないと強く意識し始めたのは、二〇〇一年である。

当時は、衆議院議員の政策担当秘書として、国土交通省の動向や所管法案を追って、対案や修正案の立案補佐、または国会質問案を作ることが業務の一角だった。主要閣僚から道路特定財源の見直しが議論され始めた頃で、ハタと気がついたことがあった。

道路財源は、「道路整備緊急措置法」といって一九五八年に制定された法律で確保されていた。同様に、「治山治水緊急措置法」「港湾整備緊急措置法」「下水道整備緊急措置法」などあらゆる公共事業は、「緊急」に税を集中投下して整備を進めるために半世紀前に作られた法律を根拠にしていた。水資源開発促進法は、こうした緊急措置法や国土の均衡ある発展を目指した全国総合開発計画（第一章）に上乗せして、人口集中地域に特化して作られた超特急型の開発法だった。その意味でも最も明らかに社会に歪みが現れていた（第二章、第五章）。

こうした開発法の欠点は、ひとたび計画が決まると、事業内容が社会のニーズとそぐわなくても止められないことだった。省益が生まれ、予算を確保しなければならなくなり、そのために事業が必要となる本末転倒な事態が起き、それに便乗して行政組織が焼け太っていた（第四章、第六章）。

一体、なぜ「緊急」や「臨時」の名を冠して成立したまま、廃止されずにいるのか、質問主意書の案文を書いて議員から出してもらって驚いた。

それが正式に提出される前に衆議院事務局が質問内容を書き直せと言ってきたのである。質問主意書に関して言えば、衆議院事務局は議員事務所と政府をつなぐのが役目であり、政府側の答弁者にあたりをつけて確定することがその仕事である。横書きにしたものを縦書きのフォーマットに整える際に、ポカミスを見つけて連絡してくれることはあっても、内容に立ち入って干渉してきたことは以前は一度もなかった。

その後のやり取りはあってはならない失敗談だが記録する。

衆議院の事務局に質問の意図を尋ねられ、その意図ならばこう書き直してはどうかとの提案があり、不審を抱きながら応じてしまったのである。すると、またしばらくして電話がかかり、さらなる書き直しの提案がある。断ると別の言い回しの提案があり、何度目かのやり取りを行ううちに、これは、衆議院職員の職権を超えた、答弁者である官僚を代弁しての干渉だと気づき、最初の質問に戻すと言って電話を切ると、国会議事堂の一階事務所から議員会館の事務所まで押しかけてきて説得を続けるという異常ぶりを見せた。霞ヶ関はいざとなれば衆議院職員までを操って改革の種を摘みにくるのかと底恐ろしさを感じた。

断続的な終電時間に至るまでの数時間の攻防で、当方が最初に意図した質問のいくつかは、単に

「緊急措置法」などと名のつく法案がどれほどあるのかという件数と、すでに失効・廃止した法律が答弁として返ってくる、意味のないものに押し戻されていた。残っている根拠法がなぜ廃止されずに残っているかをつぶさに尋ねる根元的な総括を答えさせることができなかった。

かろうじて残った質問は、「『緊急措置』『臨時措置』『特別措置』という名称にもかかわらず、長年にわたり同様の法的措置が継続されている。このような事態は極めて異常であり、早急に廃止をするか又は法律名を改正して通常の措置として定めるべきではないか」という一般論であった。私の記憶が正しければ、「早急に廃止をすべきではないか」とだけ書いた質問に、「又は法律名を改正して通常の措置として定めるべきではないか」を加えてニュートラルに聞いてはどうかとの提案があり、加えた記憶がある。

その結果、政府からは「御指摘のとおり、『緊急措置法』、『臨時措置法』又は『特別措置法』という文言が題名に用いられている法律の中には、長期間にわたり一定の措置が継続されているものもあるが、これらは、いずれも、所期の目的がなお達成されていないこと、状況の変化によっても当該法律になお存在意義があること等を理由としたものであり、適正なものと考えている。なお、これらの法律については、その存続の要否や題名の在り方につき、今後とも、必要に応じて検討してまいりたい」と抵抗しつつ「検討する」（＝霞ヶ関用語で「何もしない」の意味）との答弁が返ってきた。

驚きはその後も続いた。

翌年、「緊急措置」の名がつく公共事業関係法には見直しの手が入り、翌々年の二〇〇三年の通常国会には国土交通省所管の九分野の公共事業の根拠法や長期計画を一本にまとめた「社会資本整備重点計画法案」が提案されることとなった。しかし、さすがに「検討」しただけのことはあった。予算の硬直化を招いたとの批判を受けて予算額を書き入れないことにしたにもかかわらず、道路は距離、下水は普及率、治水は氾濫から守られる区域割合と目標値を入れたため、金額に換算することも可能で、結局何も変わらなかった。緊急の名を取っただけで、まさに「法律名を改正して通常の措置」とした。

だから、たとえ本書が一助となって水資源開発促進法が廃止になり、その実行部隊の水資源機構が廃止になったとしても、これは氷山の一角が崩れるだけの話であり、まだまだほかにも時代に合わない公共事業法がある。税収四〇兆円に対して、国の借金は一〇〇〇兆円に達しようとしていることを思えば、水資源開発促進法の廃止はまさに「焼け石に水」である。

しかし、南米の民話「ハチドリのひとしずく」のたとえにもあるように、森の大きな火事でさえも、ハチドリの運ぶ一滴ひとしずくの積み重ねで消えると信じたい。道路、港湾、住宅、空港、新幹線・鉄道、水道、廃棄物、農林水産分野に残る時代に合わない法律を淘汰し、新しい時代を迎えるため、そして立法のコントロールで動く行政、立法のための政治を動かす取材、研究、発信を繰り返したい。いや、激しく繰り返す必要がある。

なぜならば、筆者が本書を一気に書き上げ始めた頃、消費税増税と抱き合わせであるかのように、永田町では自民党が「国土強靭化基本法案」を、公明党が「防災・減災ニューディール推進基本法案

（骨子）」を、民主党の議員連盟が「日本再生計画～ビジョン２０３０～」を発表したからである。これらはどれも、前世紀に計画規模と予算を確保して公共事業を進めた構図をそのまま踏襲している。それは人口と経済が増大する時代でのみ通用した手法である。公共事業は、その施設を使うのは現在生きる世代だけではない、未来世代も恩恵を得るとして、「世代間の公平負担」を理由に国債の発行が許されている（財政法四条）。しかし、人口減少が確実な未来に向かってこの手法を繰り出せば、「世代間の不公平負担」になる。単なる税金の先食いだ。

本書は、そうさせてはならないと危機感を持つ人々が筆者に寄せてくれた情報をヒントに、情報公開法などを駆使して裏付けを取った第六章が根幹となって成り立っている。二〇〇九年秋に行政刷新会議が初開催した事業仕分けに筆者も仕分け人として参加したことが一つのきっかけだった。

末筆になったが、すべての関係者に心から御礼を述べたい。また、立法、予算審議、行政監視の国会議員の三大権限を駆使して新たな時代に向かおうと活動中のすべての国会議員、ことに本書で使わせてもらった資料の出典に登場する議員とそのスタッフに格別の御礼を申し上げる。一方で永田町から早々に足を洗って独自の道を歩んでいる佐藤謙一郎氏、原陽子氏のもとで筆者が政策秘書を務めた経験がなければこの本は誕生していない。第三章で描いた「法案を床から一冊、二冊と平積みをすると腰の高さに及んだ」のは筆者の実体験である。

河川政策やダム問題に取り組む水源開発問題全国連絡会や脱ダムネット関西をはじめ、日本各地で、国会・地方議会、行政、業界、学者、メディアへの情報提供や提言、および住民訴訟などによる司法への訴え、すなわち「政官財学報司」との全方位的な闘いを続けている市民団体や個人、そしてその連携に対し、感謝と尊敬の念をこの場を借りて表したい。今後もこの国の「政策リテラシー」を向上させるための努力をともに重ねていきたい。

なぜなら、本来は国会と行政の至近距離に常駐し、高い政策リテラシーを国民のために発揮すべきマスメディアが、権力監視機能不全に陥っているからだ。社会問題―政策立案―立法活動―法の執行とひとつながりに縦横無尽の取材活動をすべきところ、社会に足を運ばず、片や永田町に常駐して大物政治家にぶら下がる政局記者となり、片や記者クラブの机の上から官庁情報をそのまま流す政府広報が任務となり、分断されたまま、政策リテラシーを高める機会を奪われているからである。先に目覚めたものが少しずつの無理を重ねてその機能不全を補うしかない。

常日頃、無理のしわ寄せで取材のついでに、「風のように来て風のように去っていく」ペースでしか顔を見せない筆者に耐えてくれる我が相棒の両親と、最近、要介護度四に上がった父と老々介護でくたびれている母にも申し訳なさとともに感謝する。

最後に、別のテーマで企画を持ちこんだ筆者と二時間あまりの雑談の末、電光石火の判断で、このテーマで本書を書くよう勧めてくれた築地書館の土井二郎社長と、完成原稿のつもりが初校で大量の修正を私の悪筆で入れたため、予想外に増えたであろう編集作業に耐えてくださった橋本ひとみさんに感謝したい。

半世紀後の若者が、今、私たちの世代が男女平等の選挙権・被選挙権を当然視しているのと同様に、当然のように無駄かつ環境を不可逆に破壊する公共事業を止められていることを願いながら筆を置く。

政野淳子

二〇一二年八月吉日

著者紹介

政野淳子（まさの・あつこ）

ジャーナリスト。

二〇一一年、東京工業大学大学院総合理工学研究科博士課程修了。博士（工学）。

専門は、河川行政における公衆参加と情報公開。

衆議院議員の政策担当秘書などを経て現職。

行政刷新会議による二〇〇九年の事業仕分け第一弾で仕分け人を務める。

河川、環境、住民参加、情報公開を切り口に取材執筆活動中。

著書に『日本で不妊治療を受けるということ』（岩波書店、二〇〇四年）、共著・執筆参加に『八ッ場ダムは止まるか首都圏最後の巨大ダム計画』（岩波書店、二〇〇五年）、『ハンドブック　市民の道具箱』（岩波書店、二〇〇二年）ほか。

水資源開発促進法――立法と公共事業

二〇一二年一〇月二五日　初版発行

著者――政野淳子
発行者――土井二郎
発行所――築地書館株式会社
東京都中央区築地七―四―四―二〇一　〒一〇四―〇〇四五
電話〇三―三五四二―三七三一　FAX〇三―三五四一―五七九九
ホームページ＝http://www.tsukiji-shokan.co.jp/
印刷・製本――シナノ印刷株式会社
装丁――久保和正

 ISBN 978-4-8067-1450-7 C0030

くわしい内容はホームページで。URL=http://www.tsukiji-shokan.co.jp/

●築地書館の本

水の革命

森林・食糧生産・河川・流域圏の統合的管理

イアン・カルダー［著］　蔵治光一郎＋林裕美子［監訳］
三〇〇〇円＋税

利用可能な地表水・地下水量推定の新しい手法、経済開発・環境保全・社会的公平性・持続可能性を両立させる政策、水資源の適切な配分の枠組みを解説。

森の健康診断

100円グッズで始める市民と研究者の愉快な森林調査

蔵治光一郎＋洲崎燈子＋丹羽健司［編］　◎2刷　二〇〇〇円＋税

森林と流域圏の再生をめざして、森林ボランティア・市民・研究者の協働で始まった手づくりの人工林調査。愛知県豊田市矢作川流域での先進事例とその成果を詳細に報告・解説した人工林再生のためのガイドブック。

有明海の自然と再生

宇野木早苗［著］　二五〇〇円＋税

有明海の自然は、諫早湾潮受堤防の締め切りによってどう変化したのか？　半世紀にわたり日本の海を見続けてきた

海洋学者が、潮の減衰、環境の崩壊、漁業の衰退の実態と原因を、これまでに蓄積されたデータをもとに明らかにし、有明海再生の道をさぐる。

バイオマス本当の話

持続可能な社会に向けて

泊みゆき［著］　一八〇〇円＋税

世界で最も多く使われている再生可能エネルギー、バイオ

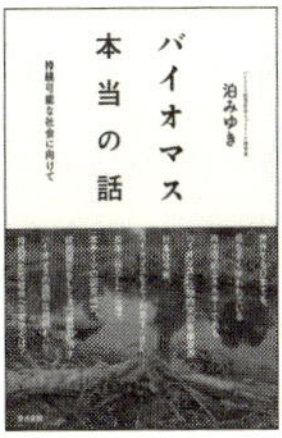

マス。日本は今後、どう利用すべきか。長年、調査研究、政策提言をしてきた著者が示す、バイオマスの適切な利用と持続可能な社会への道筋とは？

くわしい内容はホームページで。URL=http://www.tsukiji-shokan.co.jp/

●築地書館の本

砂 文明と自然

マイケル・ウェランド［著］ 林裕美子［訳］ 三〇〇〇円＋税

ジョン・バロウズ賞受賞の最高傑作、待望の邦訳。波、潮流、ハリケーン、古代人の埋葬砂、ナノテクノロジー、医薬品、化粧品から金星の重力パチンコまで、不思議な砂のすべてを詳細に描き、果てしなく広がる砂の世界を私たちに垣間見せてくれる。

土の文明史

ローマ帝国、マヤ文明を滅ぼし、米国、中国を衰退させる土の話

デイビッド・モントゴメリー［著］ 片岡夏実［訳］

◎7刷 二八〇〇円＋税

土が文明の寿命を決定する。古代文明から二〇世紀の米国まで、土から歴史を見ることで、社会に大変動を引き起こす土と人類の関係を解き明かす。

虫と文明

螢のドレス・王様のハチミツ酒・カイガラムシのレコード

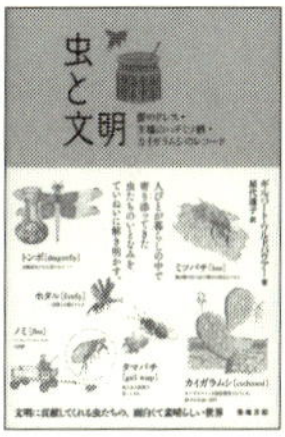

ギルバート・ワルドバウアー［著］ 屋代通子［訳］

二四〇〇円＋税

人びとが暮らしの中で寄り添ってきた虫たちのいとなみを、ていねいに解き明かした一冊。文明に貢献してくれる虫たちの、面白くて素晴らしい世界。

狼の群れと暮らした男

ショーン・エリス＋ペニー・ジューノ［著］ 小牟田康彦［訳］

◎2刷 二四〇〇円＋税

ロッキー山脈の森に野生狼の群れとの接触を求めて決死の探検に出かけた英国人が、飢餓、恐怖、孤独感を乗り越え、現代人としてはじめて野生狼の群れに受け入れられ、共棲を成し遂げた希有な記録を本人が綴る。